簡單吃麵
NO DIES

用心選料、慢慢享用，最單純的最美味！

蔡全成 ◎著

湯麵、拌麵、炒麵、義大利麵全部都想吃，
一碗麵讓你吃得滿足。

朱雀文化

序
簡單做，百吃不膩的麵食

　　除了米飯，麵食是最常食用的主食。忙碌時，甚至只要一碗湯麵、乾麵，就能心滿意足。我很喜歡吃麵，湯麵、拌麵、涼麵、炒麵等，家中餐桌上時常出現各類麵食。

　　為了分享各種美味的麵食，我在數年前曾經出版一本《一定要學會的100碗麵》，書中介紹了100道麵食，深受讀者的喜愛，可惜此書在幾年前已經絕版買不到了。許多讀者朋友來信詢問，希望這本書能再次上市，於是出版社決定將此書重新編排出版。

　　在新版的《簡單吃麵》中，我精選數十道較受青睞的麵食，每道麵食製作3～4人分量，並將這些麵食分成3個單元：「Part1簡單好吃」、「Part2經典必食」、「Part3異國風味」，讓喜歡吃麵的讀者們依喜好選擇製作，烹調方法不難，材料也都就近能買到。另外，也在食譜前為料理新手設計了「Before烹調麵食之前」的基礎單元，希望新手們在烹調前先閱讀一下，有利於選購麵條，並且事先製作方便高湯和醬料。

　　很高興能將這些百吃不膩的麵食重新出版，我相信不管再多的新式飲食出現，書中這些麵食仍舊經得起口味的考驗，可以成為你家餐桌必備好料。

蔡全成　2021.04

Contents目錄

Before
烹調麵食之前

Part1
簡單好吃

Part2
經典必食

Part3
異國風味

Before
烹調麵食之前

除了米飯，麵食是最常食用的主食。忙碌時，只要一碗麵就能飽。在烹調本書的麵食前，建議大家先認識各種麵條。此外，學會做高湯、肉醬、醬汁，多做些放入冰箱保存，使平日食用更方便！

認識本書使用的麵條

本書中用到的麵條，
包含了中式、日式、多種義大利麵和年糕等，
它們的長相和顏色都不同。
製作這些麵料理之前，先來好好認識它們吧！

1 中式麵條
以中筋麵粉為主材料，有的還會添加蔬菜汁或雞蛋等
材料，種類較多，像家常寬麵、菠菜麵、陽春麵、意
麵、油麵、雞蛋麵和麵線等。

2 日式麵條
最常見的是由中筋麵粉加入了部分高、低筋麵粉製成
的烏龍麵，另外還有蕎麥麵、拉麵和較細的素麵等。

3 義大利麵
義大利麵的外型五花八門，什麼形狀、粗細的都有，
本書中使用較常見的如：天使麵、貝殼麵、通心粉、
千層麵、墨魚麵和義大利寬扁麵等。

4 其他
像東南亞料理中常見的河粉、韓式的細麵條等。可在
專賣東南亞、韓國食材的商店購買。

家常寬麵

菠菜麵

陽春麵

意麵

油麵　　　雞蛋麵　　　麵線　　　蕎麥麵

拉麵　　　素麵　　　天使麵　　　貝殼麵

烏龍麵　　　千層麵　　　墨魚麵　　　義大利寬扁麵

寧波年糕　　　通心粉　　　河粉　　　韓國冷麵

這樣煮麵最好吃！

不同種類的麵條要怎麼煮才好吃，才不會過於軟爛或沒熟呢？
哪些麵煮時要加鹽和油？又有哪些麵煮熟後要搓洗掉黏液？
別擔心，看完以下步驟，一定能煮出美味麵。

中、日式麵類

煮法（不需搓洗黏液）

1 取一深鍋，倒入
大量水煮沸。

2 放入麵條，麵
不要整團一次丟
入，需將麵慢慢
抖落。

3 以筷子攪動麵條，
防止麵條黏在一
起，煮約4分鐘，
撈起瀝乾水分。

煮法（要搓洗黏液，製作冷的麵條時）

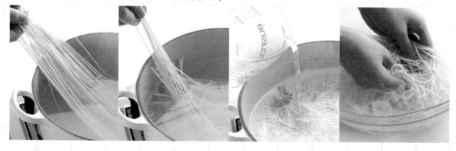

1 取一深鍋，倒入
大量水煮沸，放
入乾油麵。

2 將所有的麵都壓
入鍋中。

3 若水不夠可再加
入水。

4 將煮好的麵撈出，
放在水龍頭底下沖
洗掉黏液，或者
放入一盆清水中
沖洗，但記得水
要一直換，直至
黏液完全洗掉。

tips 日式蕎麥麵、素麵、乾油麵等煮好後要以水沖洗掉
黏液，才能做冷的乾麵，否則會影響麵的口感。

義大利麵類

煮法

1 取一個深鍋，倒入大量水煮沸，加入鹽和橄欖油。

2 將麵以放射狀撒入鍋中，慢慢將麵完全壓入滾水中，使全部的麵都煮到，煮約10分鐘。

3 以撈麵匙將煮好的麵撈出。

4 將撈起的麵放入網杓中，浸泡在冷水中一會，並且以筷子攪動。

tips

1. 鍋中的水為麵條的10倍，所以若2人份200克的義大利麵，就要在鍋中倒入約2,000c.c.水才夠。鹽的分量為2,000c.c.水約4小匙鹽，橄欖油則為2大匙。

2. 煮麵時間可參考右表或包裝袋上註明的時間，但仍視實際狀況為準。

麵條名稱	烹調時間
義大利麵、蝴蝶麵	10分鐘
墨魚寬麵、寬麵	8～10分鐘
千層麵	8分鐘
筆管麵	7～8分鐘
貝殼麵、螺旋麵	7分鐘
通心粉	6分鐘
天使細麵	4～5分鐘

自製超簡單高湯和醬汁

美味的高湯和醬汁,是影響乾麵或湯麵是否好吃的關鍵。
你可以嘗試自己做,每次的量可以多做些,
剩餘的放入密封盒或密封袋中,
移入冰箱保存,既方便每次取出使用,而且自製最衛生!

高湯

材料
雞骨1,000克、豬大骨1,000克、水6,000c.c.

調味料
鹽1小匙、蔥100克、薑50克、胡蘿蔔100克、洋蔥100克

做法
1 豬大骨用剁骨菜刀敲開,和雞骨一起放入滾水中汆燙,撈出沖洗掉血水,並洗去雜質。

2 胡蘿蔔切大塊;洋蔥去外皮切塊;蔥切大段,薑切片;然後和豬大骨、雞骨全部放入鍋中,倒入水,先以大火煮滾,撈出表面泡沫和雜質,改小火煮約3個小時即成。

柴魚高湯

材料
昆布5~6克、柴魚花55克、水1,900c.c.

做法
1 以濕毛巾將昆布擦乾淨,切勿直接沖水。

2 鍋中倒入1,800c.c.的水和昆布,以中火煮至水滾後撈起昆布,續入100c.c.的水,加入柴魚花煮至滾沸,撈去湯上的雜質。

3 將整鍋湯倒入棉布過濾,取出汁液即成。

麻醬

材料
芝麻醬5大匙、烏醋2大匙、醬油3大匙、辣油1/2小匙、糖1 1/2大匙、蒜泥1/2小匙、味醂2大匙、水15c.c.

做法
盆中倒入所有材料充分拌勻即成。

醡醬麵肉醬

材料
豬絞肉100克、甜麵醬1大匙、豆瓣醬1大匙、糖1/2小匙、胡椒粉少許、酒1大匙、高湯150c.c.、蒜末1小匙

做法
1 高湯做法參照p.12。

2 鍋燒熱，倒入少許油，先放入蒜末炒香，續入豬絞肉拌炒均勻。加入甜麵醬、豆瓣醬、酒、糖、高湯、胡椒粉，以中火炒熟至入味即成。

紹子麵肉醬

材料
（1）豬絞肉200克、木耳30克、荸薺30克、蕃茄80克、蝦米10克、大蒜5克、蔥5克、薑5克、辣椒5克
（2）酒2大匙、醬油3大匙、胡椒粉適量、高湯150c.c.、豆瓣醬2大匙、油2大匙

做法
1 鍋燒熱，倒入2大匙油，先放入蒜末、蔥末、薑末和辣椒末炒香，續入材料（1）略拌炒，加入材料（2）以大火略翻炒，再改小火煮至入味且湯汁變少即成。

紅醬

材料
蕃茄500克、蕃茄糊80克、蒜末10克、洋蔥120克、高湯200c.c.、市售義式綜合香料1大匙、橄欖油2大匙

做法
1 蕃茄入滾水汆燙，撈出剝除皮，放入果汁機中打成泥；洋蔥、蒜切成細末；高湯做法參照p.12。

2 鍋燒熱，倒入2大匙橄欖油，先放入蒜末、洋蔥末炒香，續入蕃茄泥、蕃茄糊，加入高湯、義式綜合香料，以大火煮滾，再改小火燉煮約20分鐘即成。

白醬

材料

麵粉90克、牛奶400c.c.、無糖鮮奶油100c.c.、高湯100c.c.、奶油40克、鹽1小匙、白酒45c.c.

做法

1 取一平底鍋，放入麵粉以小火乾炒約5分鐘，去掉生麵粉的臭味，再放涼。高湯做法參照p.12。

2 另一鍋倒入無糖鮮奶油、白酒和高湯，加入涼了的麵粉，以打蛋器打均，再放在爐子上，以中火持續邊攪拌邊煮沸至變濃稠，續入奶油、鹽，熄火攪拌至奶油融入其他材料即成。

青醬

材料

羅勒（九層塔）100克、菠菜30克、鯷魚30克、大蒜20克、起司粉2大匙、橄欖油200c.c.、松子20克

做法

1 鍋燒熱，直接放入松子炒香且外表呈金黃色。羅勒去莖只留葉片。10克大蒜切片。

2 將青醬的所有材料倒入果汁機，充分攪拌打成泥狀即成。

義大利麵肉醬

材料

牛、豬絞肉各150克、洋蔥100克、大蒜20克、蘑菇60克、高湯200c.c.、紅酒100克、鹽2大匙、蕃茄糊60克、蕃茄3個、橄欖油3大匙、市售義式綜合香料1大匙、胡椒粉少許、黑胡椒粉少許

做法

1 蕃茄入滾水汆燙，撈出剝除外皮，放入果汁機中打成泥；洋蔥、大蒜、蘑菇切成細末；高湯做法參照p.12。

2 鍋燒熱，倒入3大匙橄欖油，續入洋蔥末、蒜末和蘑菇末，再放入牛、豬絞肉稍微翻炒至有香味，加入蕃茄糊、蕃茄泥、紅酒和高湯，再入香料、胡椒粉、黑胡椒粉和鹽，以大火煮滾，再改小火燜煮至醬汁濃稠即成。

正確使用測量工具

為了加快烹調的速度，

你必須準備一支量匙和一個量杯，才能測量出準確的分量。

以下介紹最常見的深量匙、淺量匙和量杯，告訴你如何使用。

深量匙、淺量匙的用法

測量粉類（1大匙為例）

深量匙：將粉類倒入湯匙像堆小山，取另一支扁平匙或筷子沿著量匙的邊緣刮平粉，使表面平坦。

淺量匙：將粉類倒入湯匙像堆小山，手輕輕將多餘的粉抖落，使表面稍微有點隆起。

測量粉類（1/2大匙為例）

深量匙：先測出1大匙，以扁平匙或筷子沿著量匙的邊緣刮平粉，使表面平坦後，以扁平匙的前端將一半的量刮出。

淺量匙：先測出1大匙，以扁平匙將隆起的粉壓平，再以扁平匙前端將一半的量刮出。

測量液體（1大匙為例）

深量匙：將液體沿著量匙的邊緣倒入匙中，倒至液體尚未到達表面張力時停止。

淺量匙：將液體沿著量匙的邊緣倒入匙中，倒至液體達到表面張力時停止。

量杯的用法

測量粉類（1杯為例）

粉類倒入杯中，再從量杯的側邊以水平角度看以測量。

測量液體（1杯為例）

將液體倒入杯中，同樣從量杯的側邊以水平角度看以測量。

Part1
簡 單 好 吃

這個單元是以「做法簡單不複雜」、「炒煮就可以上桌」，以及「搭配事先做好的醬料就能吃」為重點，分享數十道可口的湯麵、拌麵與炒麵。

小魚乾拌米苔目

Part1
簡 單 好 吃

台式海鮮炒麵

小魚乾拌米苔目

炸得香酥的小魚乾搭配淡味的米苔目，
品嘗傳統料理的風味。

台式海鮮炒麵

新鮮的海鮮與蔬菜，
是這道炒麵好吃的關鍵，
添加烏醋與蠔油更能提味。

材料
米苔目160克、豆芽菜20克、小魚
乾30克、蔥10克、油2大匙

調味料
醬油2大匙、白醋2大匙、高湯2大
匙、辣油1小匙、香油1/2小匙

做法

1 蔥切絲，沖冷水約10分鐘以去除
辛辣味；高湯做法參照p.12；盆
中倒入所有調味料充分拌勻。

2 鍋燒熱，倒入2大匙油，放入小魚
乾炒至香酥，撈出瀝乾油分。

3 將米苔目放入滾水中汆燙約20
秒鐘，撈出瀝乾水分。將豆芽
菜放入滾水中汆燙約10秒鐘，
撈出瀝乾水分。

4 將米苔目放入大碗中，淋入拌
好的調味料，放上豆芽菜、小
魚乾和蔥絲即成。

材料
油麵150克、蝦仁30克、蛤蜊30克、
花枝30克、香菇20克、胡蘿蔔10
克、蔥10克、薑5克、青江菜20克

調味料
醬油1大匙、酒1大匙、糖1/2小匙、
胡椒粉少許、高湯150c.c.、烏醋1大
匙、蠔油1/2大匙

做法

1 蝦仁去腸泥後洗淨；蛤蜊泡鹽
水吐沙；花枝、香菇、胡蘿蔔
和薑都切片；蔥切段；青江菜
切適當大小，全部都洗淨；高
湯做法參照p.12。

2 鍋燒熱，倒入少許油，先放入
蔥段、薑片炒香，再放入蝦
仁、花枝片、蛤蜊、胡蘿蔔片
和香菇片，以大火快炒幾下，
續入油麵，加入調味料拌炒至
味道均勻、湯汁剩約1/3。

3 加入青江菜，炒熟後即成。

醬油炒麵

有別於台式炒麵使用油麵製作，
這裡改成寬麵麵條，加入了濃厚的醬油香
和蛋液濃郁的香氣，餐桌必備！

Part1
簡單好吃

材料
家常寬麵180克、高麗菜50克、胡蘿蔔
10克、香菇20克、蛋液2個分量

調味料
醬油2大匙、酒1大匙、糖少許、油2大
匙、高湯150c.c.

做法

1 胡蘿蔔切片；高麗菜、香菇切適當的
  大小；高湯做法參照p.12。

2 將寬麵放入滾水煮約5分鐘，撈出瀝乾
  水分。

3 鍋燒熱，倒入少許油，先加入蛋液，
  續入醬油、酒、糖煮，再入高麗菜、
  胡蘿蔔片、香菇翻炒，倒入高湯以大
  火煮滾。

4 將寬麵加入做法3中，充分翻炒至湯
  汁變少且麵條入味即成。

✈ **tips**

1. 選一瓶香氣濃醇的醬油是美味的關
   鍵，因每個品牌醬油的鹹度不同，務
   必酌量增減。

2. 除了材料中的蔬菜，亦可加入當季的
   時蔬，同時能吃出美味和營養。

辣味抄手麵

舌尖上的麻與辣完美融合，
混著餛飩享用，美味可口且做法簡單，
料理新手也遊刃有餘。

Part1
簡單好吃

材料
細陽春麵150克、
市售生餛飩60克、
小白菜20克

辣醬
醬油2大匙、辣油
2大匙、白醋1大
匙、柴魚粉1小
匙、糖1/2小匙、
蒜泥1小匙、蔥花1
大匙、花椒粉少許

做法

1 盆中倒入辣醬的所有材料，充分拌勻，即成辣醬。

2 小白菜切適當大小後洗淨。

3 將細陽春麵、生餛飩放入滾水煮約5分鐘，撈出瀝乾
水分，加入辣醬拌勻，倒入碗中。

4 將小白菜放入滾水稍微汆燙，撈出瀝乾水分，放在做
法**3**上即成。

✈ tips
1. 如果喜歡食用超辣口味，辣醬配方中的辣油量可以稍
微增多。
2. 市面上醬油種類眾多，口味各異，這道麵中的辣醬，
建議可嘗試用丸莊醬油或金蘭醬油製作。

咖哩烏龍麵

沙茶羊肉炒麵

咖哩烏龍麵

北海道的咖哩烏龍麵是旅遊時必吃的美食，
香氣濃郁的咖哩醬汁，
除了拌麵，拌飯也一樣好吃。

Part1
簡單好吃

材料
豬肉片80克、烏龍麵150克、蔥50克、香菇20克、魚板20克

湯汁
柴魚高湯400c.c.、醬油1½大匙、味醂2大匙、糖1大匙、鹽少許、咖哩粉1大匙、太白粉水（水80c.c.＋太白粉2大匙）

做法

1 蔥切斜段，香菇、魚板切片；柴魚高湯做法參照p.12。

2 鍋中倒入除了太白粉水以外的所有湯汁材料，加入豬肉片、蔥段、香菇片和魚板片煮約5分鐘，再倒入太白粉水勾芡，即成湯汁。

3 將烏龍麵放入滾水煮約1分鐘，撈出瀝乾水分，然後放入湯碗中，倒入湯汁即成。

tips
1. 勾芡時要先開小火，倒入太白粉水後迅速用湯匙攪拌，再改成大火煮滾，才可以避免太白粉水結塊。
2. 這道麵加入芡汁，能使麵條變得更香滑，比較能吃得到咖哩的香味。

沙茶羊肉炒麵

吃膩了千篇一律的豬肉、牛肉炒麵嗎？

這裡推薦可以溫補的羊肉，四季都能食用。

材料
油麵120克、羊肉片80克、洋蔥10克、蔥20克、大蒜10克、辣椒10克、空心菜50克

醃肉料
醬油1/2大匙、胡椒粉少許、酒1小匙、太白粉少許

調味料
沙茶醬2大匙、醬油2大匙、酒1大匙、糖1小匙、胡椒粉少許、高湯150c.c.

做法

1 空心菜洗淨切段；羊肉片放入醃肉料中醃漬約40分鐘；洋蔥切絲；蔥切段；大蒜、辣椒切片；高湯做法參照p.12。

2 鍋燒熱，倒入少許油，先放入羊肉片炒香，炒熟後取出，鍋稍微擦乾淨。

3 鍋再次燒熱，倒入少許油，先放入蒜片、蔥段、辣椒片、洋蔥絲炒香，倒入油麵，續入調味料，再加入空心菜拌炒幾下，最後加入羊肉片炒一下即成。

tips
1. 可以用青江菜取代空心菜。
2. 沙茶醬可在炒香蒜片、蔥段、辣椒片、洋蔥絲後先行放入炒，再加入其他調味料，這樣沙茶醬的味道較容易滲出。
3. 羊肉先醃漬過可減少腥味，如果將羊肉先用胡麻油、老薑爆炒過，也可以減少腥味。

炒烏龍麵

白菜花生拌麵

炒烏龍麵

烏龍麵很受大家的喜愛，
只要換成自己喜歡的菜肉料，
可以做出自家版的好味麵食。

材料
烏龍麵150克、豬肉片50克、花枝50克、蛤蜊30克、蝦仁30克、鮮香菇3朵、大蒜10克、蔥段20克、辣椒10克

調味料
醬油2大匙、酒1大匙、胡椒粉少許、高湯150c.c.

做法
1 蝦仁去腸泥後洗淨；蛤蜊泡鹽水吐沙；花枝、鮮香菇、大蒜和辣椒切片；蔥切段；高湯做法參照p.12。

2 鍋燒熱，倒入少許油，先放入蒜片、蔥段、辣椒片炒香，續入豬肉片、花枝、蝦仁、蛤蜊和鮮香菇稍微翻炒一下。

3 加入烏龍麵略炒，再入調味料，翻炒至入味即成。

白菜花生拌麵

白菜梗、雞胸肉風味清爽，
加上花生、香菜和醬汁，
頓時胃口大開。

材料
拉麵100克、白菜梗80克、雞胸肉400克、花生粒30克、香菜10克、大蒜5克、辣椒5克

醬汁
醬油3大匙、白醋2大匙、梅林辣醬油1大匙、胡麻油1小匙

做法
1 白菜梗洗淨後切0.3公分的條狀；雞胸肉入滾水燙熟後撕成絲；大蒜磨成泥；辣椒切細末。

2 盆中倒入蒜泥、辣椒末，續入醬汁、白菜梗和雞胸肉絲拌在一起。

3 將拉麵放入滾水煮約5分鐘，撈出沖冷水以搓洗掉黏稠液，再泡入冰水冰鎮，瀝乾水分。

4 將拉麵放入碗中，倒入做法2，撒上些許花生粒、香菜即成。

韭黃肉絲炒麵

Part1
簡單好吃

XO醬香蔥拌麵

韭黃肉絲炒麵

平淡的食材因加入了炒香辣椒、蒜片，
口感更豐富，色香味俱全！

XO醬香蔥拌麵

忙碌的時候，簡單一盤拌麵，
就能滿足口腹之慾！

材料
家常麵160克、韭黃100克、肉絲50克、辣椒10克、大蒜10克、蔥10克、香菜少許

調味料
醬油2大匙、酒1大匙、柴魚粉1小匙、胡椒粉少許、高湯100c.c.

醃肉料
酒1大匙、鹽少許、太白粉少許

做法

1 韭黃切適當大小後洗淨；肉絲放入醃肉料中醃漬約40分鐘；辣椒、大蒜切片；蔥切細絲；高湯做法參照p.12。

2 鍋燒熱，倒入少許油，放入肉絲炒至熟，取出。

3 將家常麵放入滾水中煮約5分鐘，撈出瀝乾水分。

4 將蒜片、辣椒片加入同一鍋中炒香，續入家常麵、韭黃，倒入調味料，以大火稍微翻炒，起鍋前再放入肉絲略炒一下使味道均勻，盛盤後撒入蔥絲、香菜即成。

材料
細陽春麵150克、蔥40克、XO醬2大匙

調味料
醬油1大匙、酒1小匙、味酥1小匙、香油1/2小匙、高湯50c.c.

做法

1 蔥切細絲，沖泡冷水約15分鐘以去除辛辣味；高湯做法參照p.12。

2 將細陽春麵放入滾水煮約5分鐘，撈出瀝乾水分後放入盆中，倒入調味料，稍微拌勻。

3 將拌好的細陽春麵放入碗中，加入蔥絲、XO醬，欲食用時再充分攪拌即成。

肉醬義大利麵

最經典的台式義大利麵。

香濃的肉醬令人食慾大開，大人、小孩都能吃得心滿意足。

Part1
簡單好吃

材料

義大利麵120克、羅勒適量、起司粉適量

肉醬

牛、豬絞肉各150克、洋蔥100克、大蒜20克、蘑菇60克、高湯200c.c.、紅酒100c.c.、鹽2大匙、蕃茄糊60克、蕃茄3個、橄欖油3大匙、市售義式綜合香料1大匙、胡椒粉少許、黑胡椒粉少許

做法

1 蕃茄入滾水汆燙，撈出剝除皮，放入果汁機中打成泥；洋蔥、大蒜、蘑菇切成細末；高湯做法參照p.12。

2 肉醬做法參照 p.14。

3 將義大利麵放入滾水煮10分鐘，撈出沖冷水，瀝乾水分後放入盤中，淋上肉醬，放上羅勒、起司粉即成。

tips

1. 有香草之王之稱的羅勒，是搭配義大利麵不可缺的香料，和台灣的九層塔近似，但品種和風味略有不同。一般使用的羅勒是歐洲品種的甜羅勒，葉片較大，香氣充足。如果買不到，可先用九層塔取代。
2. 這裡的肉醬還可以搭配其他種類的麵條一起食用。

難易度 ★☆☆

泰式辣乾拌麵

爽口的東南亞風味麵食，

夏日的必推美食。

做法簡單，新手百分百能成功。

Part1
簡單好吃

材料

細陽春麵150克、
大蒜5克、辣椒5
克、檸檬葉少許、
蔥10克、檸檬3片

調味料

醬油1大匙、魚
露1/2小匙、高湯
100c.c.、香油1小
匙、檸檬汁少許

做法

1 大蒜、辣椒切細末；蔥切蔥花；檸檬葉切絲；高湯做
法參照p.12。

2 將細陽春麵放入滾水煮約5分鐘，撈出瀝乾水分，放
入盆中，加入調味料，續入蒜末、辣椒末拌勻。

3 將拌好的麵放入碗中，放上蔥花、檸檬葉絲和檸檬
片即成。

✍tips

這道麵加入了檸檬汁、魚露和辣椒末，吃起來有東南亞
麵食獨特的酸辣嗆味，食慾不佳時來一碗準沒錯。

辣炒年糕

泡菜炒烏龍麵

Part1
簡單好吃

辣炒年糕

可以當作主食或配菜，
喜歡吃辣的人絕不能錯過！

泡菜炒烏龍麵

韓式泡菜與
日式烏龍麵的完美組合，
異國風味美食也能在家嘗！

材料

寧波年糕180克、肉片80克、蔥20克、洋蔥20克、高麗菜80克、大蒜10克、白芝麻少許

調味料

韓式辣椒醬4大匙、糖2大匙、高湯250c.c.、酒1大匙

做法

1 10克的蔥切段；10克的蔥切絲；洋蔥、大蒜切片；高麗菜切適當大小，高湯做法參照p.12。

2 鍋燒熱，倒入少許油，先放入蔥段、洋蔥片、蒜片炒香，續入肉片爆炒，再加入調味料、年糕拌炒至年糕變軟。

3 待年糕炒軟，加入高麗菜，拌炒至高麗菜熟盛盤，撒上些許白芝麻、蔥絲即成。

材料

烏龍麵100克、市售韓式泡菜60克、牛肉片40克、蔥15克、洋蔥10克、韭菜20克

調味料

醬油1大匙、酒1大匙、柴魚粉少許

做法

1 10克的蔥、韭菜切段；洋蔥、5克的蔥切絲；泡菜切適當大小。

2 鍋燒熱，倒入少許油，先放入蔥段炒香，續入牛肉片稍微翻炒，然後加入泡菜、烏龍麵和調味料炒。

3 炒至入味後放入韭菜稍微翻炒，起鍋後再撒上蔥絲、洋蔥絲即成。

通心粉沙拉

將外型可愛的通心粉做成料理，
享用美食且擁有好心情。

材料
通心粉100克、馬鈴薯100
克、里肌肉80克、洋蔥30克、
蛋2個

調味料
美乃滋150～180克、鹽少許、
檸檬汁1小匙、胡椒粉少許

做法

1 將通心粉放入滾水煮約12分
鐘，撈出沖冷水，瀝乾水分
放入盆中。

2 里肌肉入滾水汆燙熟，再放
涼切丁。馬鈴薯切丁後入滾
水汆燙熟，撈起放涼。蛋入
滾水煮熟（水煮蛋），涼後
剝殼切丁。

3 洋蔥切末放入鋼盆中，續入
通心粉、蛋丁、馬鈴薯丁和
肉丁，加入調味料充分拌勻
即成。

難易度★☆☆

貝殼麵雞肉沙拉

清爽的貝殼沙拉麵
最適合當作夏日的早午餐，
吃得好，一天有元氣。

材料

貝殼麵80克、雞胸肉40克、蘆筍30克、洋蔥20克、松子10克、起司粉少許、甜椒20克、蕃茄40克

調味料

白酒醋2大匙、醬油2大匙、橄欖油3大匙、胡椒粉適量

做法

1 將貝殼麵放入滾水煮10～12分鐘，撈出沖冷水，瀝乾水分，然後放入盆中，倒入調味料。

2 雞胸肉入滾水煮熟，撈起放涼切丁；蘆筍切適當大小後入滾水汆燙，撈出瀝乾水分，冰鎮；甜椒去籽切丁；洋蔥切細末；蕃茄切片。

3 將雞肉丁、蘆筍、蕃茄片和甜椒丁、洋蔥末倒入做法 **1** 中充分拌勻，盛入盤中，撒上松子、起司粉即成。

明太子義大利麵

白菜肉片年糕

難易度 ★☆☆

明太子義大利麵

以微辣的明太子搭配濃郁的白醬，
最時尚的義大利麵，好吃且不膩。

材料
義大利麵160克、明太子120克、洋蔥
30克、巴西里適量、奶油2大匙

調味料
白醬130克、白酒2大匙

做法

1 將義大利麵放入滾水煮10分鐘，
撈出沖冷水，瀝乾水分。

2 洋蔥切細末；明太子去掉外表薄
膜再輕輕剁幾下；白醬做法參照
p.14。

3 鍋燒熱，倒入奶油，先放入洋蔥
末炒香，續入明太子稍微翻炒，
加入義大利微拌炒，再入白酒、
白醬，拌炒均勻即成。

難易度 ★☆☆

白菜肉片年糕

可以換不同的肉片烹調，
不同風味更吸引人。

材料
寧波年糕180克、白菜150克、豬肉片
80克、蔥20克、大蒜10克、胡蘿蔔10
克、辣椒少許

調味料
高湯300c.c.、酒2大匙、鹽1小匙、柴魚
粉1小匙、胡椒粉少許

做法

1 年糕、白菜切適當大小；蔥切
段；大蒜、胡蘿蔔和辣椒都切
片；高湯做法參照p.12。

2 鍋燒熱，倒入少許油，先放入
蔥段、蒜片和辣椒片炒香，續入
豬肉片、胡蘿蔔片稍微拌炒，再
入白菜翻炒至白菜變軟。

3 鍋中放入年糕，加入調味料以
大火煮滾，再改小火燜煮至年
糕變軟入味、湯汁變少，可隨
喜好撒上蔥絲裝飾。

蝦仁餛飩麵

加入蔥花與油蔥酥，湯汁更飄散香氣，
搭配蝦仁餛飩，滿滿的幸福口味。

Part1
簡單好吃

材料
細陽春麵150克、小白菜40克、蔥少
許、市售油蔥酥1小匙、市售蝦仁餛飩
10個

調味料
高湯600c.c.、鹽1 1/2小匙、柴魚粉1/2小
匙

做法

1 小白菜切適當大小；蔥切蔥花；高湯
做法參照p.12。

2 將蝦仁餛飩先放入滾水煮約2分鐘，
續入麵條再煮約5分鐘，撈出瀝乾水
分後放入湯碗中，放上已汆燙熟的小
白菜。

3 鍋中倒入高湯，續入鹽、柴魚粉，以
大火煮滾後倒入做法**2**中，放入油蔥
酥、蔥花即成。

tips
如果想要自製蝦仁餛飩，可準備以下材料製作：
1. 先準備市售餛飩皮200克、蝦仁40克、絞肉150克、薑汁1小匙、醬油1小匙、
   鹽1/2小匙、香油少許。
2. 蝦仁去腸泥後洗淨，吸乾水分。將絞肉放入盆中，加入薑汁、醬油、鹽和香
   油，順同一方向攪拌，使絞肉產生筋性，再加入蝦仁攪拌，即成餛飩餡。取餛
   飩皮包好肉餡，即成餛飩。

蚌麵

加入新鮮的蛤蜊和蔬菜，
湯汁鮮甜，整碗吃光光。

Part1
簡單好吃

材料
油麵150克、蛤蜊
200克、薑10克、
蔥花10克、小白菜
20克、魚板20克

調味料
高湯600c.c.、鹽1小
匙、柴魚粉1小匙、
酒1大匙、胡椒粉少
許、香油少許

做法
1 小白菜切適當大小後洗淨；蛤蜊泡鹽水吐沙；薑切
絲；魚板切片；高湯做法參照P.12。

2 鍋中倒入高湯，放入蛤蜊、魚板片、薑絲和鹽、酒、
柴魚粉，以大火煮滾，撈出表面泡沫和雜質後熄火。

3 將油麵放入滾水煮約5分鐘，撈出瀝乾水分，放入湯
碗中。小白菜放入滾水中汆燙，撈出瀝乾水分放在麵
上，倒入做法**2**，滴些香油，撒上少許胡椒粉和蔥花
即成。

tips
1. 剛買回來的蛤蜊，可以先放入鹽水裡面泡，使其徹底
吐沙，這樣入鍋煮後才不會整鍋湯都是沙。
2. 與這道蛤蜊清湯最對味的，莫過於薑了，加入些許薑
絲，可使湯汁更鮮美。

酸菜蚵仔麵

開陽白菜麵疙瘩

難易度 ★☆☆

酸菜蚵仔麵

酸菜與蚵仔搭配的樸實滋味，
再回味一次祖母的好手藝！

難易度 ★☆☆

開陽白菜麵疙瘩

以蝦米增添香氣，
讓這道家常麵疙瘩風味更有層次！

材料

細陽春麵120克、酸菜心40克、蚵
仔40克、薑10克、韭菜20克、蔥
花10克

調味料

高湯700c.c.、鹽1小匙、柴魚粉1/2
小匙、胡椒粉少許、香油少許、酒
1大匙

做法

1 酸菜心切絲，沖冷水以去除多
餘鹹味；蚵仔沖洗乾淨；薑切
絲；韭菜切段；高湯做法參照
p.12。

2 蚵仔放入滾水汆燙約10秒鐘，
撈出瀝乾水分。

3 鍋燒熱，倒入少許油，先放入
薑絲、酸菜心炒香，續入高湯、
鹽、柴魚粉、胡椒粉和酒以大火
煮滾，再改小火，加入蚵仔、韭
菜煮約1分鐘熄火。

4 將細陽春麵放入滾水煮約5分鐘，
撈出瀝乾水分放入碗中，倒入做
法**3**，撒上蔥花，滴些香油即成。

材料

市售麵疙瘩300克、白菜150克、
蝦米10克、蔥10克、大蒜10克、
香菇20克、香菜少許

調味料

高湯400c.c.、鹽1小匙、柴魚粉1/2
小匙、酒1大匙 太白粉水適量

做法

1 白菜切適當大小；蔥切段；大
蒜、香菇切片；高湯做法參照
P.12。

2 備一鍋滾水，放入麵疙瘩麵團，
煮至全部麵疙瘩浮起，再撈出。

3 鍋燒熱，倒入少許油，先放入
蒜片、蔥段和蝦米炒香，續入白
菜、香菇片稍微翻炒，倒入高
湯、鹽、柴魚粉和酒，炒至白菜
變軟，再加入麵疙瘩，以小火燜
煮5分鐘即可勾芡盛盤，放上香
菜即成。

泰式辣醬麵

蔬菜麵

泰式辣醬麵

用泰式辣醬拌麵、拌飯
和煮湯都適合，夏日開胃就靠它。

材料
拉麵100克、青江菜50克、蔥10克、
檸檬葉絲適量

調味料
泰國辣醬3大匙、蒜泥少許、高湯
50c.c.

做法

1 青江菜切適當大小後洗淨；蔥切絲；高湯做法參照p.12。

2 將拉麵放入滾水煮約5分鐘，撈出瀝乾水分。青江菜放入滾水中稍微汆燙，撈出瀝乾水分。

3 先將拉麵和泰國辣醬、蒜泥和高湯拌勻，再放入盤中，放上青江菜、蔥絲和檸檬葉絲即成。

蔬菜麵

挑選當季的蔬菜烹調，
吃得飽又能補充多種營養。

材料
家常麵180克、白菜60克、高麗菜60克、香菇20克、芹菜10克、胡蘿蔔10克、木耳10克、玉米筍10克、油1大匙

調味料
高湯800c.c.、鹽2小匙、酒2大匙、柴魚粉1/2小匙

做法

1 白菜、高麗菜、香菇、芹菜、胡蘿蔔、木耳和玉米筍，都切成適當的大小；高湯做法參照p.12。

2 將麵條放入滾水煮5分鐘，撈出瀝乾水分，放入湯碗。

3 另一鍋燒熱，倒入1大匙油，先放入高麗菜、白菜、胡蘿蔔、木耳、玉米筍、香菇和芹菜爆炒至熟，續入高湯、調味料，先以大火煮滾，再改小火煮約2分鐘，再倒入做法**2**中即成。

Part2
經典必食

這個單元以中式經典麵食為主，從街口小攤的常青款、餐廳小館的招牌菜，到婆媽長輩的拿手麵食，都是美味經得起時間考驗的必食好麵。

雞絲涼麵

台式炒米粉

難易度 ★☆☆

雞絲涼麵

新鮮的麵條加上豐富的配料，
搭配獨特的醬汁，
吃一盤涼麵夏日暑氣全消。

Part2
經典必食

材料
油麵150克、雞胸
肉30克、小黃瓜20
克、胡蘿蔔20克、
蛋液20克、海苔少
許、白芝麻少許

涼麵醬
柴魚高湯100c.c.、
醬油1 1/2大匙、味
酥1 1/2大匙、糖1小
匙、胡麻油少許

做法
1 柴魚高湯做法參照p.12；盆中倒入所有的調味料，充
  分拌勻，即成涼麵醬。

2 雞胸肉燙熟後撕成絲；小黃瓜、胡蘿蔔切絲後沖水
  10分鐘，瀝乾水分；蛋液攪散，用不沾鍋煎成蛋皮
  後再切絲。

3 將油麵放入滾水汆燙約15秒鐘，立刻撈出放入冰水
  冰鎮，然後瀝乾水分。

4 將油麵放入盤中，依序放上小黃瓜絲、胡蘿蔔絲、雞
  胸肉絲、蛋皮絲和海苔絲、白芝麻，欲食用前再淋上
  涼麵醬即成。

tips
1. 製作蛋皮可利用不沾鍋來煎，不用倒入油，直接倒入
   蛋液煎就容易成功了。
2. 海苔可以先不要切絲，欲食用前，再切即可，以免接
   觸空氣太久而軟掉，影響口感。

難易度★☆☆

台式炒米粉

從小吃到大的炒米粉，做法簡單，

家戶餐桌必備，

濃濃的家庭料理風味。

材料

米粉75克、豬五花肉40克、蝦米10克、香菇20克、胡蘿蔔10克、高麗菜50克、韭菜10克、大蒜10克、蔥10克

調味料

（1）醬油1大匙、酒1大匙

（2）醬油2大匙、酒1大匙、胡椒粉少許、高湯200c.c.

做法

1 米粉先泡水約3個小時至變軟，撈出瀝乾水分；蝦米、香菇也泡水至變軟，撈出瀝乾水分。

2 五花肉、香菇、胡蘿蔔和高麗菜都切絲；韭菜、蔥切段；蒜切片；高湯做法參照p.12。

3 鍋燒熱，倒入少許油，先放入五花肉絲爆炒，續入蝦米，以中火炒至肉絲焦酥，加入調味料（1）翻炒至醬油味滲入肉絲，起鍋備用。鍋可先清洗。

4 鍋燒熱，倒入少許油，先放入蒜片、蔥段炒香，續入香菇絲、胡蘿蔔絲、高麗菜絲和做法**3**，稍微翻炒後再加入米粉，倒入調味料（2），先以大火翻炒幾下再改小火燜煮，煮至湯汁變少且滲入米粉中，最後撒上韭菜段即成。

✈**tips**

1. 米粉在使用前，必須先放入冷水中泡軟，才能入鍋炒或煮。
2. 市售的米粉分成寬的和細的，寬米粉適合拿來煮米粉湯，細米粉則較適合以炒的方式烹調。

素麵沙拉

熱麻醬麵

Part2
經典必食

素麵沙拉

這道料理以素麵為主角，
搭配香氣濃郁的芝麻醬，
令人回味再三。

材料
素麵120克、小黃瓜30克、胡蘿蔔
30克、雞胸肉50克、蔥10克、黑
芝麻少許

芝麻沙拉醬
芝麻醬3大匙、白醋3大匙、味醂
2大匙、醬油3大匙、糖1 1/2大匙、
薑泥1/2小匙

做法

1 盆中倒入所有的調味料，充分拌
   勻，即成芝麻沙拉醬。

2 將素麵放入滾水煮約2分30秒，
   撈出沖冷水以搓洗掉黏稠液。

3 雞胸肉放入滾水煮熟再取出撕成
   絲，小黃瓜、胡蘿蔔和蔥都切絲。

4 盆中依序放入素麵、雞胸肉絲、
   胡蘿蔔絲和小黃瓜絲，倒入芝麻
   沙拉醬拌勻，再放入盤中，撒上
   蔥絲、黑芝麻即成。

熱麻醬麵

拉麵口感Q彈，
沾裹麻醬熱熱地吃，
品嘗單純的美味。

材料
拉麵150克、小黃瓜20克、蔥10克

麻醬
芝麻醬5大匙、烏醋2大匙、醬油3
大匙、辣油1/2小匙、糖1 1/2小匙、
蒜泥1/2小匙、味醂2大匙、水1大匙

做法

1 盆中倒入調味料的所有材料，充
   分拌勻，即成麻醬。

2 小黃瓜切粗絲；蔥切絲後沖冷水
   以去除辛辣味，再瀝乾水分。

3 將拉麵放入滾水煮約5分鐘，撈
   出瀝乾水分後放入碗中，倒入麻
   醬，放上小黃瓜絲、蔥絲即成。

麻醬涼麵

台式米苔目

麻醬涼麵

特調的麻醬醬汁,
是讓涼麵更美味的關鍵。

材料
油麵150克、小黃瓜30克、胡蘿蔔20克、蔥10克、香菜少許、白芝麻適量

麻醬
芝麻醬5大匙、烏醋2大匙、醬油3大匙、辣油1/2小匙、糖11/2大匙、蒜泥1/2小匙、味醂2大匙、水1大匙

做法
1 小黃瓜、胡蘿蔔和蔥都切絲,麻醬做法參照p.12。

2 將油麵放入滾水汆燙約15秒鐘,立刻撈出放入冰水冰鎮約6分鐘,然後瀝乾水分。

3 將油麵放入盤中,依序放上小黃瓜絲、胡蘿蔔絲、蔥絲,淋上麻醬,放上香菜,撒上些許白芝麻,欲食用時再拌勻即成。

台式米苔目

以油蔥酥和蝦米增香,
回憶起小時候的味道。

材料
米苔目180克、豆芽菜30克、韭菜10克、肉絲30克、市售油蔥酥1小匙、蝦米1小匙、大蒜5克、蔥5克、香菇10克

調味料
油1大匙、醬油2大匙、蠔油1大匙、胡椒粉少許、柴魚粉少許、酒2大匙、高湯 200c.c.

醃肉絲料
醬油少許、酒少許、太白粉少許

做法
1 將肉絲放入醃肉絲料中醃漬約20分鐘;韭菜、蔥切段;蒜切細末;蝦米洗淨;香菇切絲;高湯做法參照p.12。

2 鍋燒熱,倒入1大匙油,先放入蒜末、蔥段炒香,續入油蔥酥、蝦米、肉絲炒散且散出香氣,加入米苔目、香菇絲,再入調味料以大火翻炒約2分鐘。

3 加入豆芽菜、韭菜稍微翻炒至菜都熟了即成。

蠔油牛肉炒麵

小吃店中點選率前幾名的爆款麵食，
滿滿的牛肉與配料，在家也能製作。

材料
油麵120克、牛肉片80克、青江菜30克、胡
蘿蔔10克、香菇20克、大蒜10克、蔥10克

醃肉料
蠔油1/2大匙、蒜泥少許、酒少許、太白粉
少許

調味料
蠔油1 1/2大匙、酒1大匙、糖1小匙、胡椒粉
少許、高湯100c.c.

做法

1 胡蘿蔔、香菇和大蒜切片；蔥切段；高湯
做法參照p.12。

2 牛肉片放入醃肉料中醃漬約40分鐘。

3 鍋燒熱，倒入少許油，先放入牛肉片略炒
至五分熟後撈起備用。將蒜片、蔥段加入
同一鍋中炒香，續入胡蘿蔔片、香菇片稍
微炒一下，再放入油麵炒。

4 加入調味料，放入青江菜炒至入味，起鍋
前再放入牛肉片略炒幾下即成。

tips

1. 這道麵中的油麵可煎至兩面焦黃，放入牛
肉，再多加一些湯汁做成羹狀，這就是港
式炒麵的做法。

2. 牛肉片五分熟（半熟）是指裡面呈現紅
色，外邊的肉已熟。

難易度 ★☆☆

醡醬麵

最經典的乾拌麵料理,肉醬是精華,
學會了就可以開店喔!

**Part2
經典必食**

材料
市售刀切麵150克、
小黃瓜30克、蔥
10克、醡醬麵肉醬
適量

醡醬麵肉醬
豬絞肉100克、甜
麵醬1大匙、豆瓣
醬1大匙、糖1/2
小匙、胡椒粉少
許、酒1大匙、高
湯150c.c.、蒜末1
小匙

做法

1 小黃瓜切粗絲;蔥切絲;高湯做法參照p.12。

2 醡醬麵肉醬做法參照p.13。

3 將刀切麵放入滾水中煮約5分鐘,撈出瀝乾水分,放
入碗中,放上小黃瓜絲,淋上醡醬麵肉醬即成。

tips

1. 欲將蒜末放入鍋中炒香時,油溫不可以過高,否則蒜
末會變得焦黑且有苦味。

2. 刀切麵不同於一般機器切出來的麵條,是手工拿刀切
出來的麵,麵的大小寬度不盡相同。如果沒買到刀切
麵,可以換成家常麵。

3. 甜麵醬、豆瓣醬可以選擇岡山的製作,製作醡醬麵肉
醬最對味。

紹子麵

學會這道麵料理,

排隊才能吃的美食也能變成你的拿手菜。

Part2
經典必食

材料
家常寬麵180克、蔥花20克、紹子麵肉醬
適量

紹子麵肉醬
(1)豬絞肉200克、木耳30克、荸薺30
克、蕃茄80克、蝦米10克
(2)酒2大匙、醬油3大匙、胡椒粉適量、
高湯150c. c.、豆瓣醬2大匙、油2大匙

做法
1 蔥切蔥花。

2 紹子麵肉醬做法參照p.13。

3 將麵條放入滾水煮約5分鐘,撈出瀝乾水
分,放入碗中,淋上紹子麵肉醬,放上蔥花
即成。

✈tips
1. 紹子麵肉醬的配料上,除了加入肉餡、蝦米
以外,可依個人喜好口味增加其他材料。
2. 紹子麵也有人寫作哨子麵、臊子麵,是將
肉餡、蝦米和荸薺等材料拌炒成類似炸醬
的黏糊狀餡料,拿來拌乾麵最對味。

關廟炒麵

Part2
經典必食

麻油煎麵線

難易度 ★☆☆

關廟炒麵

關廟麵是台南縣關廟鄉特製的
傳統麵條，久煮不爛，
而且咀嚼起來還有ＱＱ的口感。

難易度 ★☆☆

麻油煎麵線

麻油的香氣與脆脆的口感，
有媽媽的味道，
吃膩了湯麵線不妨換個新吃法。

材料
關廟麵150克、高麗菜80克、肉片
40克、蝦仁30克、蔥10克、香菇
20克、大蒜10克、胡蘿蔔10克

調味料
高湯200c.c.、鹽1小匙、酒1大匙、
胡椒粉少許、柴魚粉1/2小匙、醬
油1小匙

做法
1 蝦仁去腸泥後洗淨；高麗菜、
　香菇、胡蘿蔔切適當大小；蔥切
　段；大蒜切片；高湯做法參照
　p.12。

2 將關廟麵放入滾水中煮約5分
　鐘，撈出瀝乾水分。

3 鍋燒熱，倒入少許油，先放入蔥
　段、蒜片炒香，續入肉片、蝦仁
　翻炒，再入高麗菜、香菇、胡
　蘿蔔，加入調味料、麵以大火翻
　炒，炒至湯汁收乾且入味即成。

材料
麵線180克、薑20克、蛋1個、香
菜少許、麻油4大匙

調味料
醬油少許、麻油1大匙

做法
1 薑切絲。將麵線放入滾水中汆燙
　約3分鐘，撈出瀝乾水分，放入
　盆中，加入調味料，稍微攪拌。

2 平底鍋燒熱，倒入麻油，先加入
　薑絲炒香，續入麵線鋪平在鍋面
　上，以小火慢煎。

3 待麵線兩面煎焦黃後，撈起麵
　線，打入蛋，再放回麵線煎熟，
　取出盛盤，放上香菜即成。

干燒意麵

金瓜米粉

難易度 ★☆☆

干燒意麵

加入蛋黃製作的意麵口感Q彈，
做成乾麵、湯麵都好吃。

材料
意麵120克、香菇50克、肉片
40克、洋蔥20克、蔥20克

調味料
酒2大匙、蠔油2大匙、糖1大
匙、胡椒粉少許、高湯100c.c.

做法

1 香菇切適當大小；洋蔥切片；蔥切
段；高湯做法參照p.12。

2 將意麵放入滾水中煮約4分鐘，撈出
瀝乾水分。

3 鍋燒熱，倒入少許油，先放入洋蔥
片、蔥段和肉片炒香，續入調味料、
意麵、香菇，以大火快炒至入味即
成。

難易度 ★☆☆

金瓜米粉

金瓜的皮和籽營養成分很高，
可以不去皮，
和籽一起加入料理中烹調。

材料
米粉80克、金瓜200克、豬油2
大匙、蔥20克、香菜少許

調味料
醬油1大匙、鹽1/2大匙、高湯
300c.c.

做法

1 將米粉放入冷水中泡軟，撈起瀝乾水
分，切約5公分的長段；蔥切段；高
湯做法參照p.12。

2 金瓜剖開去籽，切適當大小的塊狀。

3 鍋燒熱，倒入豬油，先放入蔥段、金
瓜炒香，續入米粉、高湯和調味料，
以大火翻炒，再改成小火燜煮，燜煮
至金瓜、米粉熟透且入味，裝盤後撒
上香菜即成。

乾拌粄條

粄條是以白米為原料的客家美食，
除了搭配湯料，乾拌吃法同樣可口。

Part2
經典必食

材料
粄條180克、豆芽
菜20克、韭菜10
克、市售油蔥酥5
克

調味料
海山醬1大匙、醬
油膏1大匙、高湯
50c.c.、柴魚粉少
許、胡椒粉少許

做法

1 粄條切1.5公分的寬度；韭菜切段；高湯做法參照
p.12。

2 將粄條放入煮滾的高湯中煮約1分鐘，撈出瀝乾水分
放入碗中。韭菜、豆芽菜同樣放入高湯中氽燙約30
秒鐘，撈出放在粄條上。

3 然後加入油蔥酥、調味料稍拌一下即成。

✈tips

粄條像被切割的粿仔條，是用在來米磨成米漿，待米漿
冷卻後再一張張摺疊，很像一條毛巾，又叫面巾粄，吃
時切成條狀，所以叫做粄條。

紅燒牛肉麵

肉羹麵

難易度 ★★☆

紅燒牛肉麵

紅燒湯頭香氣四溢，
加入酸菜口感更有層次。
是學做牛肉麵的入門款！

Part2
經典必食

材料

細陽春麵100克、
小白菜20克、酸菜
10克、蔥10克、
牛肉600克、薑10
克、蔥花10克、大
蒜10克

調味料

豆瓣醬6大匙、辣
椒醬4大匙、醬油
120c.c.、酒50c.c.、
油2大匙、高湯
1,200c.c.

做法

1 蔥切段；大蒜、薑切片；高湯做法參照p.12。

2 牛肉切適當大小的塊狀，放入滾水氽燙一下後洗淨。

3 鍋燒熱，倒入2大匙油，先放入蔥段、蒜片和薑片爆
香，續入牛肉爆炒，加入豆瓣醬、辣椒醬炒香，再倒
入酒、醬油和高湯，先以大火煮滾，再改小火燉煮約
3個小時，至牛肉塊入味變軟。

4 將細陽春麵放入滾水煮約5分鐘，撈出瀝乾水分。放
入小白菜稍微氽燙，撈出瀝乾水分。

5 將陽春麵放入湯碗中，倒入牛肉塊、湯汁，放上小白
菜、酸菜和蔥花即成。

tips

1. 滷牛肉的醬油可以選擇滷肉用醬油，或醬油色較深的
陳年醬油，滷好的牛肉才會色香味俱全。
2. 在滷牛肉的過程中，記得要用小火，使湯的表面維持
冒著小泡泡的狀態來滷即可。
3. 烹調中菜時常看見的「爆炒」，是指大火快炒的意
思。

難易度 ★☆☆

肉羹麵

街頭麵攤最常見的麵,
滑順的油麵與湯汁、
香嫩的肉羹,全家都喜愛!

材料
油麵120克、市售
肉羹60克、高湯
600c.c.、香菇30
克、蛋白1個、蒜
泥少許

調味料
醬油4大匙、鹽1/2
小匙、柴魚粉1/2
小匙、糖1大匙、
烏醋1大匙、太白
粉水(太白粉3大
匙+水120c.c.)

做法

1 香菇切絲;高湯做法參照p.12。

2 鍋中倒入高湯,先加入肉羹、香菇絲,倒入除太白粉
  水以外的調味料煮沸,撈出泡沫雜質,續入太白粉水
  勾芡。

3 將蛋白加1大匙水充分拌勻,撈出表面泡沫,一邊攪
  拌一邊倒入羹湯中,即成肉羹湯。

4 將油麵放入滾水汆燙熟後倒入湯碗中,續入肉羹湯,
  再加入蒜泥即可。

tips

1. 油麵是熟麵,只需要入滾水稍微汆燙15秒鐘即可,煮
   太久麵條會過於軟爛。

2. 若想自製肉羹有兩種方法❶準備好魚漿和梅花肉,以
   魚漿3:梅花肉1(約小拇指大小,厚約0.5公分),
   梅花肉保持乾燥,與魚漿和成一小坨,再放入滾水中
   煮熟。❷只要將梅花肉切約0.5公分的片狀,充分沾裹
   太白粉,再放入滾水中燙熟即可,做法更簡單。

豬腸冬粉

在湯頭中加入些許冬菜提味，
清爽不膩且口感更豐富。

材料
冬粉1束、豬小腸80克、冬菜
10克、蔥10克、薑10克

調味料
高湯500c.c.、鹽1小匙、柴魚
粉1/2小匙、香油少許

煮豬腸料
水600c.c.、薑10克、蔥10克、
酒2大匙、鹽1小匙

做法
1 將豬小腸洗淨後放入煮豬腸
　料中，先大火煮滾，再改小
　火燜煮約40分鐘至軟，撈出
　切成適當大小。

2 將冬粉放入冷水泡軟；薑切
　絲；蔥切蔥花；高湯做法參
　照p.12。

3 鍋中放入高湯，續入其他調
　味料，再放入薑絲、冬菜煮
　約2分鐘。

4 將冬粉放入做法3中，煮熟
　後倒入湯碗中，加入豬小
　腸、蔥花即成。

擔仔麵

最有名的府城小吃,
滿滿一碗令人回味再三!

Part2
經典必食

材料

油麵120克、梅花肉(胛心肉)50克、滷蛋1個、豆芽菜20克、韭菜10克、市售油蔥

調味料

高湯800c.c.、鹽1½小匙、酒1大匙、柴魚粉1小匙

做法

1 高湯做法參照p.12;梅花肉切0.5公分厚,放入高湯中汆燙至熟取出,表面撒些許鹽,使肉更入味。高湯先不要倒掉。

2 先將油麵放入滾水汆燙約15秒鐘,續入豆芽菜、韭菜汆燙10秒鐘,全部撈出放入湯碗中。

3 將鹽、酒和柴魚粉倒入高湯中,放入油蔥酥,倒入做法**2**中,最後加入肉片、滷蛋即成。

豆簽羹

枸杞麵線

豆簽羹

豆簽是台灣著名的古早味小吃，
加入蚵仔，料豐實在更好吃！

材料

豆簽50克、蚵仔40克、扁蒲60
克、薑10克、蔥10克、香菜少許

調味料

高湯500c.c.、鹽1小匙、柴魚粉
1/2小匙、酒1大匙、胡椒粉少
許、太白粉水適量

做法

1 蚵仔洗淨；扁蒲去皮切絲；薑切絲；
蔥切段；高湯做法參照p.12。

2 鍋燒熱，倒入少許油，先加入薑絲、
蔥段炒香，續入扁蒲絲稍微拌炒，加
入調味料，以大火煮滾。

3 改成小火後加入豆簽，再以中火燉煮
約5分鐘至其變軟，再入蚵仔煮約2分
鐘，倒入太白粉水勾芡，撒上香菜即
成。

枸杞麵線

麻油能潤五臟，多吃讓你精神飽滿。

材料

白麵線120克、枸杞10克

湯料

鹽1 1/2小匙、黑麻油少許、老薑
5片、米酒少許、高湯少許

做法

1 枸杞以水泡至發脹，撈出瀝乾水分；
高湯做法參照p.12。

2 將麵線、老薑片放入滾水汆燙45秒，
撈出瀝乾水分，放入湯碗中。

3 加入枸杞、黑麻油、高湯、鹽和米酒
拌勻即成。

難易度 ★☆☆

大滷麵

材料豐富什麼都吃得到，多加些蔬菜，就成了營養滿分的一餐。

Part2
經典必食

材料
家常麵180克、豬肉片50克、木耳20克、高麗菜60克、胡蘿蔔10克、蔥10克、蛋液1個分量、小黃瓜10克

調味料
高湯500c.c.、酒1大匙、鹽1小匙、柴魚粉1/2小匙、太白粉水適量

做法
1 木耳、高麗菜切適當大小；小黃瓜、胡蘿蔔切片；蔥切段；高湯做法參照p.12。

2 將家常麵放入滾水煮約5分鐘，撈出瀝乾水分，放入湯碗中。

3 鍋燒熱，倒入少許油，先放入蔥段爆香，續入肉片炒香，加入木耳、胡蘿蔔片、小黃瓜片、高麗菜稍微翻炒，倒入調味料以大火煮滾，再以太白粉水勾薄芡，接著打入蛋液，最後攪拌均勻。

4 將做法**3**加入做法**2**中即成。

tips
1. 大滷麵中的「滷」，是指湯料的意思，可將許多食材加入鍋中熬煮成味重湯濃的湯底，再加入麵條，就是一碗料多湯濃的北方麵食。
2. 大滷麵是種隨意製作的家常麵，麵料可依各人喜好加入，還可再添加一些當季的新鮮蔬菜。

酸辣湯麵

喜歡重口味的人不能錯過這碗酸辣風味湯，
不僅可以搭配麵條，單喝湯也是種享受。

Part2
經 典 必 食

材料

細陽春麵150克、豬肉絲50克、豬血50克、
木耳30克、豆腐30克、香菇30克、筍絲30
克、高湯900c.c.、蛋液1個分量、香菜和蔥
絲少許

調味料

醬油4大匙、鹽1小匙、糖1小匙、烏醋3大
匙、辣油3大匙、太白粉水（太白粉3大匙＋
水120c.c.）、柴魚粉1小匙、胡椒粉少許

做法

1 豬血、木耳、香菇先切絲，再和豬肉絲、
筍絲一起汆燙；豆腐切絲。

2 高湯做法參照p.12。鍋中倒入高湯，放入
豆腐絲和做法**1**，續入調味料開始煮，待
湯滾後，加入太白粉水勾芡，最後倒入蛋
液攪拌一下，即成酸辣湯。

3 將細陽春麵放入滾水中煮約5分鐘，撈起
瀝乾水分，倒入湯碗中，續入酸辣湯，再
加入香菜、蔥絲即成。

tips

1. 如果怕豆腐絲放入鍋中同煮容易變爛，可
   以事先煮好，最後再加入。
2. 剛買回的豬血先切絲，沖水去除雜質後放
   入滾水煮，再撈起沖冷水，這樣處理豬血
   就會變乾淨。

餛飩湯麵

蕃茄牛肉麵

難易度 ★★☆

餛飩湯麵

自己包餛飩可以量身定做
喜愛的食材與分量，
搭配麵、湯一起食用，百吃不膩。

Part2
經典必食

材料
細陽春麵150克、
小白菜30克、市售
餛飩皮120克

湯汁
高湯600c.c.、鹽1
小匙、市售油蔥酥
1小匙、美極鮮味
露少許

餛飩餡
絞肉150克、蔥花
20克、薑泥1小匙、
醬油1/2小匙、鹽1/2
小匙、酒1小匙

做法

1 盆中放入絞肉、蔥花、薑泥、醬油、鹽和酒，充分拌
勻，再甩打肉餡至變得有彈性，即成餛飩餡。

2 取餛飩皮包好肉餡，做好餛飩。

3 備一鍋滾水，先放入餛飩煮約2分鐘，再加入細陽春
麵一起煮約5分鐘，撈起餛飩和麵放入湯碗中。

4 鍋中倒入高湯，續入鹽、油蔥酥、鮮味露，加入小白
菜煮滾，整鍋倒入做法**2**中即成。

tips

1. 如果嫌製作餛飩很麻煩，可在傳統市場買剛包好的新
鮮餛飩。
2. 餛飩餡還可以依個人的喜好加入芹菜末、荸薺碎等，
亦可滴入香油使餡料更香、更美味。

蕃茄牛肉麵

加入大量蕃茄，

可以更提升湯汁的鮮甜味，

清爽不油膩，而且增加營養。

材料

家常寬麵120克、牛肉300克、蕃茄200克、薑20克、蔥60克、大蒜10克、醬油80c.c.、高湯1,600c.c.、酒100c.c.、豆瓣醬3大匙

做法

1 牛肉切塊，放入滾水中氽燙，撈出沖洗乾淨；蕃茄切角塊；薑、大蒜切片；50克蔥切段，10克蔥切蔥花；高湯做法參照p.12。

2 鍋燒熱，倒入少許油，先放入薑片、蔥段和蒜片，續入牛肉塊、蕃茄塊、酒、豆瓣醬稍微翻炒，倒入醬油、高湯以大火煮沸，以小火燜煮約4個小時使牛肉變軟。

3 將麵條放入滾水煮約5分鐘，撈出瀝乾水分，放入湯碗中，倒入牛肉、蕃茄塊和高湯，放上蔥花即成。

tips

1. 這道麵裡的牛肉建議可以選用牛腱、牛肋條或牛腩部位，口感更佳。

2. 喜歡吃到整塊蕃茄的人，如果擔心蕃茄煮到最後都糊掉了，可以分兩次加入，先煮一些。等煮到一半時，再放入剩餘的蕃茄煮。

豬腳麵線

Part2
經典必食

雞絲麵

豬腳麵線

豬腳麵線常見於祝壽、祝賀，
麻油香味四溢，
是令人記憶深刻的傳統美食。

雞絲麵

雞絲麵是經過油炸
再瀝乾的細麵線，口感獨特，
最適合湯麵。

材料
麵線120克、麻油1大匙、香菜少許、滷豬腳的汁適量

滷豬腳料
豬腳1,000克、水2,000c.c.、醬油300c.c.、酒200c.c.、冰糖150克、市售滷肉包1個、蔥適量、大蒜適量、薑適量

做法
1 大蒜、薑切片；蔥切段；豬腳切適當大小後放入滾水中煮約2分鐘，取出洗淨。

2 鍋燒熱，倒入少許油，先放入蒜片、薑片、蔥段炒香，續入豬腳、酒、醬油、冰糖、水、滷肉包，先以大火煮沸，再改以小火燉煮3～4個小時至入味、豬腳皮有彈性。

3 將麵線放入滾水煮約3分鐘，撈出瀝乾水分後放入碗中，倒入麻油稍微攪拌。加入豬腳，撒上香菜，淋上些許滷豬腳的汁即成。

材料
雞絲麵1球、蝦子4尾、豆芽菜20克、蔥10克、蛋1個、韭菜10克

調味料
高湯500c.c.、鹽1小匙、柴魚粉1/2小匙、市售油蔥酥1小匙

做法
1 蝦子去殼抽出腸泥；蔥切絲；韭菜切段；高湯做法參照 p.12。

2 鍋中倒入高湯，放入蝦子煮約3分鐘，續入雞絲麵以大火煮沸後改調小火燜煮，再入鹽、柴魚粉。

3 待雞絲麵煮軟後，放入豆芽菜、韭菜，打入蛋，以大火煮沸盛出湯碗中，再放入油蔥酥、蔥絲即成。

當歸鴨麵線

寒冷的冬天來一碗，身體頓時暖呼呼，
簡單好做的補冬料理。

Part2
經典必食

材料
鴨肉600克、老薑
20克、薑10克、麵
線100克

湯頭
市售當歸鴨藥包1
個、高湯2,000c.c.、
酒200c.c.、鹽適量

做法
1 鴨肉切適當大小；老薑切片；薑切絲；高湯做法參照
p.12。

2 鴨肉入滾水汆燙一下，撈出沖洗乾淨。

3 鍋中倒入高湯、當歸鴨藥包、酒和鴨肉、老薑片，以
大火煮約40分鐘，加入鹽調味。

4 將麵線放入滾水煮約4分鐘，取出瀝乾水分，倒入碗
中，加入做法**3**，最後擺上薑絲即成。

tips
1. 這道當歸鴨麵線湯頭很滋補，適合在寒冷的冬天喝，
以驅身體寒氣。當歸鴨藥包在中藥行或超市買得到。
2. 製作這道麵線，以選用番面鴨為最滋補。

清蒸牛肉麵

如果你喜歡清淡口味的湯底以及
細緻滑嫩的牛肉，千萬別錯過這碗清蒸麵食。

Part2
經 典 必 食

材料
家常麵100克、牛肉250克、薑30克、蔥10克

調味料
高湯1,000c.c.、酒100c.c.、鹽3小匙、花椒粒1/2小匙

做法

1 牛肉切塊，放入滾水汆燙，撈出沖洗乾淨。

2 20克薑切片，10克薑和蔥切絲；高湯做法參照
  p.12。

3 鍋燒熱，加入花椒粒，以小火乾炒至花椒粒飄
  出香味。

4 鍋中放入牛肉塊、花椒粒、薑片、高湯、酒、
  鹽，整鍋移入蒸籠蒸約3個小時，至牛肉變軟，
  取出待牛肉變涼變硬再切片。

5 將麵條放入滾水煮約5分鐘，撈出瀝乾水分，放
  入湯碗中。牛肉片可稍煮滾後放入湯碗，倒入
  湯汁，擺上蔥絲、薑絲即成。

tips

1. 這裡的牛肉切片可以使牛肉吃起來更嫩，也可將
   蒸好的牛肉放入冰箱，使膠質變硬會比較好切。

2. 蒸牛肉料中加入了酒和花椒粒，可以幫助去牛肉
   腥味和增加香氣。

海鮮麵疙瘩

豬腳麵

海鮮麵疙瘩

好吃的麵疙瘩口感Q彈，
這裡教你如何自製美味的麵疙瘩，
搭配各種海鮮料更豐盛！

Part2
經典必食

材料
蝦子2尾、花枝20
克、蛤蜊40克、
蔥20克、薑10
克、香菇20克、
小白菜20克、高湯
1,000c.c.、鹽3小
匙、酒1大匙

麵疙瘩麵糊
高筋麵粉200克、
蛋1個、鹽少許、
太白粉1大匙、水
100c.c.

做法

1 花枝、薑切片；蛤蜊泡鹽水吐沙；蔥切段；高湯做法參照p.12。

2 高筋麵粉、太白粉先過篩後倒入盆中，慢慢加入水、蛋、鹽，以順時針方向攪拌，使成麵疙瘩麵糊。

3 備一鍋滾水，取小湯匙上先沾少許水，舀一些麵疙瘩麵糊入滾水中，至全部麵疙瘩浮起，再撈回湯碗內。

4 鍋中倒入高湯煮滾，加入蝦子、花枝片、蛤蜊、蔥段、薑片、香菇和調味料，先以大火煮滾，改小火燜煮約4分鐘至全部材料熟透，再放入小白菜煮熟，最後加入麵疙瘩即成。

✈tips

1. 做法**3**中至全部麵疙瘩浮起，浮起來就是代表熟了。
2. 製作麵疙瘩時，小湯匙上必須先沾取少許水，湯匙才不會黏著麵糊，做好的麵疙瘩才會好看。

豬腳麵

把喜宴、生日宴上常出現的豬腳，
當作湯麵的主角，好吃得停不下口。

材料
家常麵150克、滷好的豬腳150克、青江菜30克、滷豬腳的汁4大匙、高湯600c.c.、香菜少許、蔥少許

滷豬腳料
豬腳1,000克、水200c.c.、醬油300c.c.、酒200c.c.、冰糖150克、市售滷肉包1個、蔥適量、大蒜適量、薑適量

做法
1 蔥切些許絲和段；大蒜、薑切片；高湯做法參照p.12；豬腳切適當大小，放入滾水煮約5分鐘至皮變色，取出洗淨。

2 鍋燒熱，倒入少許油，先放入蒜片、薑片、蔥段炒香，續入豬腳、酒、醬油、冰糖、水、滷肉包，先以大火煮沸，再改小火燉煮3～4個小時至入味、豬腳皮變有彈性。

3 將家常麵放入滾水煮約5分鐘，撈出瀝乾水分。放入青江菜稍微汆燙，撈出瀝乾水分。

4 湯碗中倒入5大匙滷豬腳的汁，續入高湯，放入家常麵、青江菜、豬腳、香菜、蔥絲即成。

tips
1. 滷豬腳時，需注意豬皮不可靠著鍋底，這樣較易燒焦，所以是將肉、骨頭那一面朝鍋底。
2. 滷豬腳中的醬油，可選擇專門滷肉用的或較深色的醬油。

鍋燒意麵

夜市小吃的常勝軍。鮮美的湯頭、新鮮的配料，
吃一碗令人回味再三。

Part2
經典必食

材料

意麵100克、蛤蜊30克、花枝30克、蝦子2尾、魚
板20克、蟹肉20克、青江菜30克、胡蘿蔔10克、
香菇20克、蛋1個

調味料

柴魚高湯800c.c.、柴魚粉1小匙、醬油1大匙、鹽1
小匙、酒1大匙

做法

1 蝦子去腸泥；花枝、魚板、胡蘿蔔和香菇都切
片；青江菜切適當大小後洗淨；柴魚高湯做法
參照p.12。

2 鍋中倒入柴魚高湯和調味料煮，待煮滾後，加
入蟹肉、蛤蜊、花枝片、蝦子、魚板、胡蘿蔔
片和香菇片煮約2分鐘，續入青江菜，再打入一
個蛋，以大火煮沸後熄火。

3 將意麵放入滾水煮約4分鐘，撈出瀝乾水分，再
放入做法**2**中即成。

tips

1. 這道麵可將意麵換成烏龍麵，直接和材料一起放
   入鍋中煮即可。
2. 喜愛吃肉片的人也可以加入一些肉片，肉的種類
   並不特別限制。

Part3
異國風味

不用上餐廳也能品嘗道地的
異國風麵食。這裡選出最受
歡迎的義大利麵、日式、韓
式以及東南亞風味的特色麵
食，湯麵、乾麵均有，可隨
喜好在家烹調。

奶油培根義大利麵

泰式炒河粉

奶油培根義大利麵

濃郁的醬汁搭配香酥的培根丁與香料，
讓義大利麵天天吃不膩。

Part3
異國風味

材料

義大利麵300克、
培根100克、洋蔥
50克、蘑菇60克、
白酒2大匙、高湯
150c.c.、動物性鮮
奶油100c.c.、蛋黃
2個分量、巴西里
末少許

調味料

帕瑪森起司粉適量
（Parmesan Cheese）
、鹽1/2小匙、胡椒
粉適量、橄欖油2
大匙

做法

1 培根、洋蔥切丁；蘑菇切片；高湯做法參照p.12。

2 鍋燒熱，倒入2大匙橄欖油，放入培根丁炒香上色，
續入洋蔥丁、蘑菇片炒香，依序倒入白酒、高湯、鮮
奶油煮，再以鹽、胡椒粉調味，即成奶油培根醬。

3 同時另一鍋中倒入水，加入橄欖油、鹽煮至沸騰，放
入義大利麵煮約10分鐘熟（煮熟）。

4 將煮好的義大利麵放入奶油培根醬中，加入蛋黃攪拌
均勻盛盤，最後撒上起司粉和巴西里末即成。

✈tips

1．鍋中的水滾沸後再放入麵條，之後改中小火，煮的過
程中要不時攪拌鍋中麵條。

2．煮義大利麵的水、油、鹽的比例約為麵條100克：水
1,000c.c.：鹽2小匙：橄欖油1大匙。

難易度 ★☆☆

泰式炒河粉

香氣四溢的金山醬油，
是烹調正宗泰式料理不可缺的調味料。

材料

河粉120克、豬肉片50克、洋蔥20克、豆芽菜20克、檸檬葉少許、香菜少許、韭菜10克、蔥適量、花生碎少許

調味料

泰國金山醬油1大匙、蠔油1大匙、酒2大匙、高湯100c.c.

做法

1 河粉切1.5公分寬，剝開避免黏在一起；洋蔥、檸檬葉和蔥切絲；韭菜切段，高湯做法參照p.12。

2 鍋燒熱，倒入少許油，先放入洋蔥絲炒香，續入豬肉片翻炒，再放入河粉，倒入調味料翻炒至入味。

3 加入韭菜、豆芽菜稍微翻炒，盛盤後放上香菜、花生碎、檸檬葉絲和蔥絲即成。

tips

1. 材料中的金山醬油顏色較淡，適合炒飯、炒麵、炒粄條，可選擇綠色瓶蓋小瓶裝的。可在超市的泰國調味料區，或者專賣泰式食品的材料行中購得。

2. 泰式的許多小炒或麵食裡面都有加花生碎，可以增加香味和咀嚼感。

港式炒麵

Part3
異國風味

乾炒牛河

難易度 ★☆☆

港式炒麵

麵條充滿香味，
最道地生活化的香港庶民美食。

難易度 ★☆☆

乾炒牛河

大火快炒，細細品嘗鮮嫩的牛肉
與柔滑的河粉。

材料

油麵120克、油3大匙、青江菜30克、肉片30克、花枝20克、蝦仁20克、胡蘿蔔10克、香菇片10克、薑片5克、蔥段10克

醬汁

高湯250c.c.、蠔油1大匙、柴魚粉少許、胡椒粉少許、太白粉適量、香油少許

做法

1 青江菜切適當大小後洗淨；肉片、花枝、胡蘿蔔、香菇和薑都切片；蔥切段；蝦仁去腸泥後洗淨；高湯做法參照p.12。

2 鍋燒熱，倒入少許油，先放入薑片、蔥段炒香，續入肉片、花枝片、蝦仁炒熟，再加入香菇片、胡蘿蔔片、青江菜煮熟，倒入太白粉水稍微勾芡，再滴入少許香油，即成醬汁。

3 取另一鍋燒熱，倒入3大匙油，待油熱後，加入油麵煎至兩面呈黃色，取出放入盤中，倒入做法2即成。

材料

河粉160克、牛肉片80克、豆芽菜20克、韭菜10克、洋蔥20克、蔥10克、大蒜5克

醃肉料

蠔油1小匙、太白粉1小匙、酒1小匙

調味料

蠔油1 1/2大匙、酒1大匙、胡椒粉少許

做法

1 牛肉片放入醃肉料中醃漬約30分鐘；河粉切1.5公分寬，剝開避免黏在一起；洋蔥切絲；蔥切段；大蒜切片。

2 鍋燒熱，倒入少許油，先放入牛肉片炒至七分熟，先撈出牛肉備用。

3 將蔥段、洋蔥絲和蒜片放入做法2鍋中爆香，續入河粉炒勻炒散，再入牛肉片、韭菜、豆芽菜和調味料炒均勻入味即成。

日式中華涼麵

義式冷麵

Part3
異國風味

日式中華涼麵

搭配日式的鹹美乃滋食用，
享受和風涼麵的獨特滋味。

材料

拉麵120克、乾香菇20克、火腿30克、小黃瓜20克、蛋液20克、胡蘿蔔20克、蔥10克、日本黃芥末1小匙、日式美乃滋2小匙、白芝麻少許

涼麵汁

醬油5大匙、白醋5大匙、胡麻油1小匙、糖1大匙、紹興酒或紅露酒2大匙、高湯80c.c.

做法

1 乾香菇先泡水再蒸30分鐘，待涼後切絲；火腿、小黃瓜、胡蘿蔔和蔥都切絲；蛋打散，用平底鍋煎成蛋皮後再切絲。

2 高湯做法參照p.12。盆中倒入所有的調味料，充分拌勻，即成涼麵汁，放入冰箱保存。

3 將拉麵放入滾水煮約5分鐘，立刻撈出放入冰水冰鎮約5分鐘，瀝乾水分，放入盤中，加入做法**1**，淋上涼麵汁，撒上些許白芝麻。欲食用時，再搭配黃芥末醬、美乃滋即成。

義式冷麵

想嘗試新的義大利麵吃法嗎？
這道以橄欖油為基底的冷麵醬汁，
讓你愛上義式冷麵。

材料

天使麵160克、花枝30克、蕃茄80克、蘆筍20克、起司粉適量、九層塔少許、松子適量

醬汁

橄欖油3大匙、鹽1小匙、胡椒粉少許、蒜泥1/2小匙、檸檬汁1大匙

做法

1 花枝切適當大小後入滾水汆燙熟，撈出放涼；蘆筍入滾水汆燙熟，撈出切適當大小，冰鎮；蕃茄切丁。

2 將天使麵放入滾水煮10～12分鐘，撈出沖冷水，瀝乾水分。

3 盆中倒入做法**1**，續入醬汁拌勻，再入義大利麵充分拌勻，然後倒入盤中，撒上些許起司粉、松子、九層塔即成。

韓式冷麵

來碗香辣味的韓國經典冷麵,
是夏天極佳的提振食慾美食。

Part3
異國風味

材料
韓國蕎麥麵200克、牛肉片80克、小黃瓜30
克、檸檬角10克、蛋1個、白芝麻適量、蔥
10克

醃肉料
醬油1大匙、酒1大匙

韓式辣醬汁
韓國辣醬3大匙、糖2大匙、醬油1 1/2大匙、
白醋2大匙、蒜泥1/2小匙、胡麻油1大匙

做法
1 小黃瓜切絲;蔥切細絲;將牛肉片放入
醃肉料中醃漬約5分鐘;蛋放入滾水中煮
熟,剝去蛋殼後切對半。

2 盆中倒入醬汁的所有材料,充分拌勻,即
成韓式辣醬汁。

3 將韓國蕎麥麵放入滾水煮約3分鐘,撈出
沖冷水以搓洗掉黏稠液。

4 將麵放入盤中,倒入醬汁,撒上些許白芝
麻、小黃瓜絲、蔥絲和蛋、檸檬角即成。

tips
1. 這道韓式冷麵,可以選韓國蕎麥麵來做,
   吃起來有QQ的口感。
2. 韓國蕎麥麵可在專賣韓國食材的店中買
   到。

難易度 ★☆☆

泰式酸辣涼麵

檸檬汁與魚露調成酸酸辣辣的醬汁，
是這道涼麵美味的關鍵。

Part3
異國風味

材料
油麵120克、小黃
瓜30克、蔥20克、
辣椒5克、檸檬葉5
克、檸檬片5克

泰式酸辣醬
檸檬汁3大匙、魚
露2大匙、香油少
許、糖1大匙、蔥
末1大匙、蒜末1
大匙、辣椒末1大
匙、香菜末1大匙

做法

1 小黃瓜、蔥、辣椒、檸檬葉切絲；檸檬切片。

2 盆中倒入所有的調味料，充分拌勻，即成泰式酸辣
醬。

3 將油麵放入滾水汆燙約15秒鐘，立刻撈出放入冰水
冰鎮約5分鐘，然後瀝乾水分。

4 將油麵放入盤中，依序放上小黃瓜絲、蔥絲、辣椒
絲、檸檬葉絲和檸檬片，食用時再倒入泰式酸辣醬拌
勻即成。

tips
1. 這道麵除了可以用油麵做，換成拉麵風味也不錯。
2. 若買不到新鮮的檸檬葉絲，可在超市買到乾的，但口
感不如新鮮的。

星洲米粉

咖哩的香氣與蠔油風味結合，
餐餐都能享用新加坡的經典美食。

Part3
異國風味

材料
米粉100克、洋蔥20克、韭菜10克、豆芽菜
20克、大蒜10克、蛋液20克、肉絲40克、
蝦仁30克、油2大匙、香菜少許

調味料
咖哩粉1大匙、醬油1大匙、蠔油1大匙、高
湯200c.c.

做法

1 米粉泡冷水泡軟，然後瀝乾水分；蝦仁去腸
泥後洗淨；洋蔥、大蒜切片；韭菜切段。

2 蛋打散，用平底鍋煎成蛋皮後切絲。高湯
做法參照p.12。

3 鍋燒熱，倒入2大匙油，先加入洋蔥片、
蒜片炒香，續入肉絲、蝦仁稍微翻炒，加
入米粉、調味料，先以大火稍微翻炒，再
改小火燜煮。

4 待燜煮至湯汁收乾，加入豆芽菜、韭菜翻
炒至入味，起鍋裝入盤中，撒上蛋皮絲、
香菜即成。

tips
1. 燜煮米粉的時候，記得要不定時翻炒幾下避
免黏鍋，味道也較均勻。
2. 星洲米粉是新加坡的經典美食，最大的特
色是加入了咖哩粉，它是融合了台式的米
粉和新加坡印度人愛用的咖哩粉製作合成
的美食。

難易度 ★☆☆

泰式涼拌海鮮麵

食材新鮮是涼拌海鮮麵好吃的祕絕，
再加上獨家海鮮醬汁，令人口齒留香。

**Part3
異國風味**

材料

油麵120克、蝦仁
30克、花枝30克、
花生粒20克、小黃
瓜20克、洋蔥20
克、小蕃茄30克、
香菜5克、蔥10
克、檸檬葉5克

泰式海鮮醬

白醋3大匙、魚露2
大匙、果糖2大匙、
蒜末、洋蔥末、蔥
末、辣椒末、香菜
末各1小匙、檸檬汁
2大匙

做法

1 蝦仁去腸泥後洗淨；花枝、小蕃茄切片；洋蔥切絲後
泡冰水10分鐘；小黃瓜、蔥和檸檬葉都切絲。

2 盆中倒入所有的調味料充分拌勻，即成泰式海鮮醬。

3 將油麵放入滾水氽燙約15秒鐘，立刻撈出放入冰水
冰鎮約5分鐘，然後瀝乾水分。

4 先將蝦仁、花枝、小黃瓜絲、洋蔥絲、小蕃茄片、花
生粒和油麵放入泰式海鮮醬中拌勻，然後移入盤中，
放上香菜、蔥絲和檸檬葉絲即成。

✈ tips

1. 蝦仁去除腸泥後，以鹽先搓洗幾下，待搓出黏液後再
以清水沖洗乾淨，可以去除多餘的雜質腥味。
2. 檸檬葉切絲是為了入口後香味容易散開。

明太子烏龍麵

泡菜牛肉麵疙瘩

明太子烏龍麵

酸爽的醬汁加明太子魚卵，
拌上烏龍麵十分爽口。

材料
烏龍麵80克、馬鈴薯50克、明
太子30克、小黃瓜30克

調味料
日式美乃滋5大匙、鹽1/2小
匙、檸檬汁1大匙、胡椒粉少
許、洋蔥末1大匙

做法

1 將烏龍麵放入滾水汆燙約1分鐘，撈
出放入冰水冰鎮，瀝乾水分；明太子
剁成泥狀。

2 馬鈴薯煮熟剝除外皮，攪散成泥狀。
小黃瓜切片。

3 盆中倒入所有的調味料，充分拌勻。

4 先將烏龍麵放入碗中，放上馬鈴薯
泥、小黃瓜片、明太子，再倒入做法
3即成。

泡菜牛肉麵疙瘩

以重口味的泡菜搭配牛肉，
營造在韓式小店享受美食的氛圍。

材料
市售韓式泡菜60克、牛肉片80
克、蔥20克、高湯100c.c.、柴
魚粉1小匙、醬油1大匙、蔥絲
少許

麵疙瘩
高筋麵粉200克、蛋1個、鹽少
許、太白粉1大匙、水100c.c.

做法

1 泡菜切適當大小；蔥切段；高湯做法
參照p.12。

2 麵疙瘩做法、烹調參照p.96的做法**2**和
3，煮好的麵疙瘩撈起瀝乾水分。

3 鍋燒熱，倒入少許油，先放入蔥段炒
香，再放入泡菜、牛肉片，續入柴魚
粉、醬油調味，倒入高湯以大火快炒
至湯汁變少，起鍋放上蔥絲即成。

青醬義大利麵

香氣濃郁撲鼻的青醬義大利麵，
是最經典的義式麵食。

材料

義大利麵120克、蝦仁50克、
大蒜10克、起司粉少許、青醬
適量

做法

1 蝦仁去腸泥後洗淨；青醬做
法參照p.14；大蒜切片。

2 將義大利麵放入滾水煮10分
鐘，撈出沖冷水，瀝乾水分。

3 鍋燒熱，倒入少許油，先
放入蒜片爆香，續入蝦仁翻
炒，待蝦仁熟了，加入義大
利麵稍微翻炒，再入青醬拌
勻，撒上起司粉即成。

難易度 ★☆☆

Part3
異 國 風 味

綠咖哩豬肉炒麵

綠咖哩辣度高，

加入些許椰奶可緩和辣味，增添香氣。

材料

油麵120克、豬肉80克、小蕃茄20克、洋蔥30克、蔥20克、大蒜10克、香菜5克

湯汁

高湯100c.c.、椰奶200c.c.、綠咖哩40克、魚露1大匙、糖1小匙、柴魚粉少許

做法

1 豬肉、蒜切片，小蕃茄切對半；洋蔥切條；蔥切段；高湯做法參照p.12。

2 鍋燒熱，倒入少許油，先放入蔥段、洋蔥條和蒜片炒香，續入綠咖哩稍微翻炒，倒入高湯和其他調味料，加入豬肉片、小蕃茄翻炒幾下。

3 再將油麵放入一起翻炒至入味，湯汁變少盛盤，放上香菜即可。

難易度 ★☆☆

翡翠涼麵

顏色亮綠的菠菜涼麵不僅品項佳，
而且營養價值高又美味。

Part3
異國風味

材料
市售翡翠麵150
克、蔥花20克、白
蘿蔔30克、小蕃茄
30克、海苔絲適量

涼麵汁
柴魚高湯200c.c.、
味醂2大匙、醬油3
大匙、酒2大匙、
糖1小匙

做法
1 鍋中倒入涼麵汁的所有材料以大火煮沸，待涼後再放入冰箱。

2 將翡翠麵放入滾水煮約5分鐘，撈出沖冷水以搓洗掉黏稠液，再泡冰水冰鎮約5分鐘，瀝乾水分。

3 白蘿蔔磨成泥；小蕃茄切對半；柴魚高湯做法參照p.12。

4 將翡翠麵放入盤中，放上白蘿蔔泥、小蕃茄、蔥花和海苔絲，欲食用時再沾著涼麵汁即成。

tips
1. 吃麵條時，不可將涼麵汁全部倒入麵條中，以免麵條泡爛，口感會變差。只需將配菜放入涼麵汁中，挾著麵條沾取涼麵汁和配菜食用即可。
2. 翡翠涼麵的綠色是將菠菜汁加入麵團揉合而成，營養價值極高，在傳統市場買得到。

蛤蜊白醬義大利麵

味噌奶油墨魚麵

難易度 ★★☆

蛤蜊白醬義大利麵

學會了經典的白醬，

千層麵、焗烤料理也都難不倒你。

Part3
異國風味

材料
蛤蜊200克、義大利
麵100克、大蒜10
克、巴西里末適量

調味料
橄欖油2大匙、白
酒50c.c.、白醬100
克、胡椒粉適量、
鹽適量

做法

1 蛤蜊泡鹽水吐沙；大蒜切片；白醬做法參照p.14。

2 將義大利麵放入滾水煮10分鐘，撈出沖冷水，瀝乾
水分。

3 鍋燒熱，倒入2大匙橄欖油，先放入蒜片炒香，續入蛤
蜊，倒入白酒，蓋上鍋蓋以大火燜煮至蛤蜊殼全開。

4 待蛤蜊殼全開，倒入白醬，加入義大利麵稍微翻炒，
撒上些許胡椒粉、鹽調味，再炒至麵條入味，盛盤後
撒上巴西里末即成。

tips
1. 煮義大利麵時，可在煮滾的水中加入一些鹽，再放入
   麵，可使麵條本身略帶鹹度，不需過度調味，還可幫
   助麵條達到相同的熟度。
2. 煮義大利麵時加入些許橄欖油，可防止麵條沾黏，並
   使煮好的麵條具有光澤。

味噌奶油墨魚麵

加入味噌調味,

讓墨魚製作的麵條不膩口,味道層次豐富。

材料
市售墨魚麵100克、
透抽60克、洋蔥20
克、松子5克、甜
椒適量

調味料
白醬150克、味噌
40～50克

做法

1 將墨魚麵放入滾水煮10分鐘,撈出沖冷水,瀝乾水
分。透抽洗淨後切適當大小,放入平底鍋煎至外表呈
金黃、內部熟透。

2 洋蔥切細末;甜椒切片;白醬做法參照p.14。

3 鍋燒熱,倒入少許油,先放入洋蔥末炒香,續入白
醬、味噌充分拌勻。

4 將墨魚麵、透抽加入做法**3**中,拌炒均勻且入味,最
後放入松子、甜椒片即成。

tips
1. 如何切洋蔥不流淚?你可以將洋蔥切開後,放入冰水
泡一下,再取出切片或切末。另一種方法是將洋蔥洗
淨剝除外皮後,以保鮮膜包住,片放入微波爐中加熱
30～40秒鐘,再取出切片或切末。
2. 墨魚麵的黑色,是因為在麵團中加入了新鮮的黑墨魚
汁揉合而成,一般超市買得到現成的。

蘆筍鮮蝦麵

春季是鮮甜、清脆的蘆筍的產季。
以蘆筍搭配鮮蝦再適合不過！

Part3
異國風味

材料
義大利麵120克、蝦仁60克、蘆筍50克、大蒜10克、鹽適量、橄欖油1大匙、羅勒少許、起司粉少許、紅醬適量

調味料
紅醬130克、鹽適量

做法

1 蕃茄入滾水汆燙，撈出剝除皮，放入果汁機中打成泥；大蒜切片。

2 高湯做法參照p.12；紅醬做法參照p.13。

3 蝦仁去腸泥後洗淨，蘆筍切適當大小。將義大利麵放入滾水煮10分鐘，撈出沖冷水，瀝乾水分。

4 鍋燒熱，倒入1大匙橄欖油，先放入大蒜片炒香，續入蝦仁、蘆筍炒至入味，加入義大利麵，再入紅醬、鹽稍微拌炒至入味，盛盤後放上羅勒、起司粉即成。

tips
1. 如何將蕃茄的皮剝得漂亮？可用刀子先在蕃茄底部輕畫上小十字切口，放入滾水煮約3分鐘，取出後再沖冷水，待蕃茄冷卻後皮就很容易剝下。
2. 選蘆筍時，可買較小支嫩一點的，就不需要削除外皮，可直接下鍋煮。

雞肉蘑菇奶油麵

蘑菇與雞肉都是小朋友的最愛，
搭配義大利麵，孩童不挑食！

Part3
異國風味

材料
義大利麵（細扁麵）120克、雞肉
40克、蘑菇40克、甜椒20克、洋
蔥20克、大蒜10克、奶油20克

調味料
白醬130克、鹽適量

做法

1 雞肉、蘑菇、甜椒、洋蔥和大蒜
都切片；白醬做法參照p.14。

2 將義大利麵放入滾水煮10分
鐘，撈出沖冷水，瀝乾水分。

3 鍋燒熱，倒入奶油，先放入蒜
片、洋蔥片炒香，續入蘑菇片、
甜椒片、雞肉片炒至入味，加入
義大利麵和調味料，翻炒均勻入
味即成。

✒ tips
將煮好的義大利麵條可以放入冷水
中浸泡一下，可使麵條定型，而且
麵條降溫後才不會糊掉。

奶焗千層麵

蒜香蘭花義大利麵

難易度 ★★☆

奶焗千層麵

加入了起司與白醬、肉醬，
不僅香氣濃郁，蕃茄風味肉醬爽口不膩。

Part3
異國風味

材料
千層麵4張、肉醬
200克、白醬100
克、起司片3片、
起司粉適量、奶油
適量

調味料
高湯1,000c.c.、
酒100c.c.、鹽3小
匙、花椒1/2小匙

做法

1 將千層麵放入滾水中煮約8分鐘，撈出沖冷水，瀝乾
水分。

2 高湯做法參照p.12；肉醬、白醬做法參照p.14。

3 焗烤盤內先塗上一層奶油，放入少許肉醬，撒上起司
粉，再鋪上一張千層麵，倒入白醬抹勻，再鋪上一張
千層麵，倒入肉醬，撒上起司粉，依此順序至材料全
部放入，最後放上起司片。

4 烤箱先以200℃預熱10分鐘，焗烤盤入烤箱，再以
200℃烤約8～10分鐘，至表面呈金黃色即成。

✈tips

1. 在做法**3**焗烤盤內要先塗上一層奶油，除可避免千層
麵黏在盤子上，還能增加香味。
2. 千層麵煮約8分鐘後，可以拿筷子測試能否穿透麵
皮，若能穿透即表示熟了。

蒜香蘭花義大利麵

做法簡單卻無比美味，
家家必備的口袋義大利麵名單。

材料
義大利麵120克、
培根肉片20克、大
蒜10克、芥蘭花菜
100克、橄欖油2
大匙

調味料
高湯100c.c.、醬油
1 1/2小匙、酒1大
匙、雞精粉少許

做法

1 芥蘭花切適當大小；大蒜切片；培根肉片切小段；高湯做法參照p.12。

2 將義大利麵放入滾水煮10分鐘，撈出沖冷水，瀝乾水分。

3 鍋燒熱，倒入2大匙橄欖油，先放入蒜片、培根肉片炒香，續入芥蘭花菜稍微翻炒。

4 倒入調味料，加入義大利麵，以大火翻炒至麵條入味即成。

tips
1. 若不想用培根肉片，可以換成雞肉、牛肉等肉類。
2. 如果買不到芥蘭花菜，也可以用芥蘭代替，同樣具備清脆的口感。
3. 材料中的酒，可以選用白酒，亦可使用米酒來烹調。

越式河粉

Part3
異國風味

味噌拉麵

越式河粉

加入薄荷葉、九層塔和
檸檬、魚露，
獨特的湯汁風味吃過不忘。

材料
越式河粉100克、雞胸肉適量、蝦
子3尾、豆芽菜20克、薄荷葉少
許、九層塔少許、香菜少許、蔥
10克、檸檬角1個

調味料
高湯600c.c.、鹽1小匙、越南魚露1
大匙、糖少許

做法

1 將河粉放入冷水泡軟，撈出瀝
乾水分；雞胸肉入滾水燙熟再撕
成絲；蝦子去殼抽出腸泥；蔥切
絲；高湯做法參照p.12。

2 鍋中倒入高湯，先放入河粉、蝦
子，續入鹽、越南魚露、糖，以
大火煮滾，再改小火煮至蝦子、
河粉熟透。

3 加入豆芽菜稍煮後倒入湯碗中，
加入雞胸肉絲、蔥絲、薄荷葉、
九層塔，滴上幾滴檸檬汁即成。

味噌拉麵

日本最經典風味的拉麵，
是在台灣接受度最高的拉麵口味。

材料
拉麵150克、高麗菜40克、木耳10
克、豆芽菜30克、玉米粒20克、
蔥10克、胡蘿蔔10克、芥藍菜40
克、油1大匙

味噌湯汁
信州味噌50克、豆瓣醬1小匙、味醂
1大匙、高湯700c.c.、柴魚粉1小匙

做法

1 高麗菜、芥藍菜、木耳切適當大
小後洗淨；胡蘿蔔、蔥切絲；豆
芽菜洗淨；高湯做法參照p.12。

2 鍋中倒入高湯煮滾後改小火，
加入味噌、豆瓣醬、味醂、柴魚
粉，待溶解煮沸後熄火，即成味
噌湯汁。

3 鍋燒熱，倒入1大匙油，續入高
麗菜，豆芽菜、木耳絲、玉米
粒、芥蘭菜、胡蘿蔔絲炒香炒
熟，置於一旁備用。

4 將拉麵放入滾水煮約5分鐘，撈出
瀝乾水分，放入湯碗中，倒入味
噌湯汁，放上做法**3**和蔥絲即成。

新加坡肉骨茶麵

湯味濃厚，
品嘗南洋重口味湯麵的機會！

材料
排骨300克、高湯1,500c.c.、
市售肉骨茶包1個、細陽春麵
160克

調味料
醬油2大匙、鹽1小匙

做法

1 將排骨放入滾水中汆燙，撈
　出再沖水洗淨。高湯做法參
　照p.12。

2 鍋中放入排骨、肉骨茶包和
　高湯，以中大火煮滾，再改
　小火燉煮約2個小時，加入
　調味料。

3 將細陽春麵放入滾水煮約5
　分鐘，撈出瀝乾水分，放入
　湯碗中，倒入做法2即成。

難易度 ★☆☆

日式蕎麥麵

鮮甜爽口的柴魚高湯醬汁搭配蕎麥麵，
夏日首選。

材料
蕎麥麵120克、蔥白20
克、山葵泥2小匙、海苔
絲適量

涼麵汁
柴魚高湯200c.c.、醬油2
大匙、味醂2大匙、柴魚
粉1 小匙

做法

1 柴魚高湯做法參照p.12。盆中倒入所有的調味
料，充分拌勻，即成涼麵汁，待涼後放入冰箱
冰鎮。

2 蔥白切蔥花。

3 將蕎麥麵放入滾水煮約5分鐘，立刻撈出沖冷
水以搓洗掉黏稠液，再泡冰水冰鎮約5分鐘，
瀝乾水分。

4 將蕎麥麵放入盤中，欲食用時，再將蔥花、山
葵泥、海苔絲倒入涼麵汁，取麵條沾著吃。

難易度 ★☆☆

醬油拉麵

最受歡迎的口味，

正宗日本拉麵在家隨時都能吃。

Part3
異 國 風 味

材料

拉麵150克、梅花肉150克、滷蛋1個、蔥10克、豆芽菜20克、海苔片1張（約10×16公分）

醬汁

高湯700c.c.、陳年醬油5大匙、豬油1小匙、辣油1/2小匙、鹽少許、酒1小匙

做法

1 蔥切絲；高湯做法參照p.12：梅花肉切0.5公分厚的薄片，放入高湯中汆燙熟後撈起，高湯不要倒掉。

2 將拉麵放入滾水煮約5分鐘，撈出瀝乾水分。放入豆芽菜稍微汆燙，撈出瀝乾水分。

3 湯碗中倒入高湯，續入醬油、梅花肉片、豬油、辣油、鹽和酒稍微拌合，再放入拉麵、豆芽菜、滷蛋、蔥絲和海苔片即成。

✈tips

1. 陳年醬油是將發酵成的醬油醪，放置很長一段時間（約2～3年）後再經壓榨、殺菌而得，所以陳年醬油都比較香，適合久滷，任何品牌的皆可。
2. 這道日式拉麵中的酒可使用清酒，湯汁較正港原汁原味。
3. 海苔片可買一般市售高岡屋、元本山這類產品即可。

難易度 ★★☆

野菇天婦羅蕎麥麵

單吃蕎麥麵太清淡嗎？

那一定要試試這炸得香酥的野菇天婦羅！

Part3
異 國 風 味

材料
蕎麥麵120克、香菇20克、金針菇20克、蘑菇20克、蔥花10克、白蘿蔔泥2小匙、麵粉（沾粉）100克、炸油1,000c.c.

涼麵汁
柴魚高湯400c.c.、醬油4大匙、味醂2大匙、糖1/2小匙

麵糊
蛋黃1個分量、冰水200c.c.、麵粉130克

做法

1 香菇、蘑菇切適當大小；金針菇去蒂切適當大小，都沾上一層薄薄的麵粉。

2 盆中倒入冰水、蛋黃先攪拌均勻，再一點點和著麵粉輕攪拌均勻成麵糊。

3 將做法**1**沾裹麵糊，放入油溫170℃的油鍋中炸，炸約6分鐘至外表酥脆，撈出瀝乾油分。

4 同時將蕎麥麵放入滾水煮約5分鐘，立刻撈出瀝乾水分放入碗中。

5 柴魚高湯做法參照p.12。鍋中倒入涼麵汁的所有材料煮滾，倒入放了蕎麥麵的碗中，加入蘿蔔泥、蔥花，放上炸好的菇類即成。

tips
1. 攪拌麵糊時，千萬不要攪拌過頭，否則麵糊過發，炸出來的成品口感會變差。
2. 辨別油溫已達170℃，可試丟一塊蔥入油鍋，馬上會出現大泡泡即達到170℃。

143

泰式香辣海鮮麵

味噌烏龍麵

難易度 ★★☆

泰式香辣海鮮麵

經典泰式海鮮湯麵，

酸辣風味明顯，喜歡吃辣的人絕不能錯過！

Part3
異 國 風 味

材料
油麵150克、蝦子
4尾、花枝20克、
魚板10克、蛤蜊30
克、豆芽菜10克、
青江菜10克、小蕃
茄10克、檸檬葉少
許、香菜少許

湯汁
高湯1,000c.c.、魚
露1小匙、糖1小
匙、市售酸辣湯醬
40c.c.、檸檬汁1大匙

做法

1 青江菜切適當大小洗淨；小蕃茄切對半；花枝、魚板切片；蛤蜊泡鹽水吐沙；高湯做法參照p.12。

2 鍋中倒入高湯，加入魚露、糖、酸辣湯醬煮，待煮滾後放入蝦子、花枝、魚板、蛤蜊、檸檬葉、小蕃茄，煮熟後再加入豆芽菜、青江菜。

3 同時另一鍋倒入水煮滾，放入油麵汆燙，撈出瀝乾水分再放入碗中，倒入做法**2**，續入檸檬汁、香菜即成。

✈ tips
1. 酸辣湯醬可以在超市，或是在專賣泰國食材、商品的店買到。
2. 魚露的特色就是「鹹」和「腥」，要吃時量不可太多，除了專賣泰國食材、商品的店，現在一般超市就買得到了。

難易度 ★★☆

味噌烏龍麵

風味醇厚的紅味噌湯推薦給愛重口味的人，
加入烏龍麵，試試新吃法。

材料
烏龍麵150克、蝦子3尾、蛤蜊50克、魚板20克、香菇20克、牛肉30克、蔥10克

調味料
紅味噌泥70克、柴魚高湯800c.c.、柴魚粉1小匙

做法

1 蝦子去殼抽出腸泥，蛤蜊泡鹽水吐沙，牛肉、魚板和香菇都切片，蔥切絲。

2 柴魚高湯做法參照p.12。鍋中放入柴魚高湯煮滾，續入紅味噌泥、柴魚粉煮至味噌溶入湯中，放入蝦子、蛤蜊、魚板片、香菇片、牛肉片，煮約2分鐘後再加入烏龍麵。

3 待湯中材料全部煮熟熄火，整鍋倒入湯碗中再放入蔥絲即成。

✈tips
1. 可先將紅味噌放在細網眼的網杓上，連網杓一起放入高湯中，用打蛋器將味噌打散，可使味噌迅速溶入高湯中。
2. 挑蝦子的腸泥時，可從蝦子背部中間部位挑起沙腸，就能輕易挑起。

蝦天婦羅烏龍麵

享用剛起鍋的蝦天婦羅，

外層酥脆內部香甜軟嫩，滋味一級棒。

Part3
異國風味

材料

烏龍麵150克、蝦子2尾、青椒20克、菠菜30克、南瓜20克、蔥花10克、白蘿蔔泥4小匙、麵粉（沾粉）50克

湯汁

柴魚高湯600c.c.、醬油3大匙、味醂3大匙、糖少許

麵糊

蛋黃1個分量、冰水200c.c.、麵粉130克

做法

1 蝦子去殼抽出腸泥；青椒、南瓜切適當大小；菠菜用滾水汆燙熟；柴魚高湯做法參照p.12。

2 取一盆子，放入麵糊的材料輕輕拌勻，即成麵糊。

3 將蝦子、青椒和南瓜先沾薄薄一層麵粉，再沾裹麵糊，放入油溫170℃的油鍋中炸熟，炸至外表酥脆，撈起瀝乾油分。

4 鍋中倒入湯汁的所有材料煮，待煮滾後放入烏龍麵煮熟，加入菠菜、白蘿蔔泥、蔥花，再放入做法**3**即成。

tips

1. 青椒較容易熟，所以最後再放入油炸，炸的時間約30秒鐘即可。
2. 調麵糊時一定要用冰水，可以減緩發酵時間，才會有酥脆口感。麵糊若太發，炸出來的成品外表會較膨鬆，吃起來不酥脆。
3. 炸天婦羅起鍋後要趕緊食用，否則天婦羅會變軟不脆。

泰式酸辣牛肉河粉湯

泰式湯麵的酸辣層次豐富，

搭配河粉、麵條、米粉都很適合。

Part3
異國風味

材料
河粉120克、牛肉片80克、洋蔥20克、小蕃茄20克、草菇20克、蔥10克、香菜少許、辣椒10克

調味料
高湯600c.c.、泰式辣湯醬2大匙、魚露少許、糖少許、檸檬汁1大匙

做法

1 河粉切1.5公分寬，剝開避免黏在一起；洋蔥、辣椒和草菇都切片；小蕃茄切對半；蔥切絲；高湯做法參照p.12。

2 鍋中倒入高湯，先加入調味料煮開，續入辣椒片、小蕃茄、洋蔥片、草菇片，以中小火煮約5分鐘，加入河粉以中小火煮熟。

3 續入牛肉片，以大火煮至七分熟，整鍋倒入湯碗中，撒上蔥絲、香菜即成。

tips
這道牛肉河粉湯，酸辣味完全是靠泰式辣湯醬、魚露和檸檬汁調製，想嘗嘗道地的口味，可至專賣東南亞食材的店中選材料。

月見牛肉烏龍麵

越式牛肉河粉

月見牛肉烏龍麵

選用新鮮的蛋黃且盡快食用，
是這碗麵的完美吃法。

Part3
異 國 風 味

材料

烏龍麵150克、蛋黃
1個分量、菠菜80
克、蔥花20克、牛
肉片60克、豆皮20
克、七味粉適量、
天婦羅麵酥適量

湯汁

柴魚高湯600c.c.、
醬油3大匙、味醂2
大匙、糖1大匙

做法

1 豆皮切絲後入滾水汆燙，取出瀝乾水分；菠菜洗淨切
適當大小，同樣入滾水汆燙，取出瀝乾水分；柴魚高
湯做法參照p.12。

2 鍋中倒入湯汁的所有材料煮滾，加入豆皮絲、烏龍麵，
續入牛肉片，待牛肉片快熟時再整鍋倒入湯碗中。

3 加入蛋黃、菠菜、蔥花、七味粉和天婦羅麵酥即成。

✈tips

1. 天婦羅麵酥就是炸天婦羅時油鍋邊緣剩下的東西，可
以撈起保存，增加湯汁香味。
2. 為什麼叫「月見」？那是因為蛋黃剛放上去的樣子很
像一輪滿月，所以才有「月見」（日文中滿月之意）
這個好聽的名字。
3. 豆皮本身太油，汆燙過水就可以去掉多餘的油分。

難易度 ★★☆

越式牛肉河粉

酸辣爽口、香味獨具的湯頭、鮮嫩的肉片，
一吃上癮的東南亞美食。

材料

河粉100克、牛肉片80克、豆芽菜20克、蔥10克、韭菜10克、香菜少許、辣椒5克、薄荷葉少許、檸檬角1個、高湯300c.c.（燙肉用）

調味料

高湯600c.c.、鹽1/2小匙、越南魚露1大匙、糖少許

做法

1 河粉切1.5公分寬，剝開避免黏在一起。

2 蔥、韭菜切段，辣椒切片；高湯做法參照p.12。

3 鍋中倒入600c.c.的高湯，先倒入調味料和蔥段，續入河粉、豆芽菜，以大火煮沸後加入韭菜，稍微煮一下倒入湯碗中。

4 另一鍋中倒入300c.c.的高湯，加熱至約80℃後放入牛肉片汆燙一下，約至七分熟後取出放入做法**3**的湯碗中，放上香菜、辣椒片和薄荷葉，滴上檸檬汁即成。

✐tips

1. 水80℃就是指鍋內邊緣開始冒小泡泡的狀態。
2. 牛肉若燙至全熟會太老，吃起來口感不佳，所以燙至七分熟即可。
3. 河粉的表面通常有一層油，可避免河粉黏成一團。

Cook50206

簡 單 吃 麵

用心選料、慢慢享用，最單純的最美味！

作者｜蔡全成

攝影｜徐博宇、林宗億

美術｜鄭雅惠

編輯｜彭文怡

校對｜連玉瑩

企劃統籌｜李橘

總編輯｜莫少閒

出版者｜朱雀文化事業有限公司

地址｜台北市基隆路二段13-1號3樓

電話｜02-2345-3868

傳真｜02-2345-3828

劃撥帳號｜19234566 朱雀文化事業有限公司

e-mail｜redbook@ms26.hinet.net

網址｜http://redbook.com.tw

總經銷｜大和書報圖書股份有限公司
　　　　02-8990-2588

ISBN｜978-986-99736-6-3

初版一刷｜2021.05

定價｜320元

國家圖書館出版品預行編目

簡單吃麵：用心選料、慢慢享用，最單純的最美
味！／蔡全成著 -- 初版. -- 臺北市：朱雀文化，
20210.05
面；公分 -- （Cook50；206）
ISBN 978-986-99736-6-3　　　（平裝）

1.食譜-麵類
427.38

About買書：

●實體書店：北中南各書店及誠品、金石堂、何嘉仁等連鎖書店均有販售。
建議直接以書名或作者名，請書店店員幫忙尋找書籍及訂購。
●●網路購書：至朱雀文化網站購書可享 85 折起優惠，博客來、讀冊、
PCHOME、MOMO、誠品、金石堂等網路平台亦均有販售。
●●●郵局劃撥：請至郵局窗口辦理（戶名：朱雀文化事業有限公司，帳號：
19234566），掛號寄書不加郵資，4本以下無折扣，5～9 本95折，10本以
上9折優惠。